复旦卓越·高职高专21世纪规划教材

机械制造工艺

主　编　徐福林　包幸生

副主编　姜　辉　张宗武

参　编　冯健明　周立波

主　审　刘素华

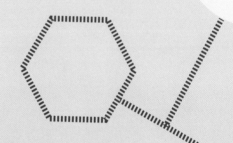

复旦大學 出版社

内容提要

本书介绍了现代机械制造工艺的基本理论以及机械制造工艺规程的制订方法。

第一篇主要介绍了传统机械加工工艺的基本理论和传统机械加工工艺规程的制订方法；第二篇主要介绍了现代制造业普及的数控加工工艺的特点，机械加工质量分析、生产率分析以及工艺管理的基本方法，数控加工工艺规程的制订方法；第三篇主要介绍了现代制造业中采用的数控特种加工工艺和工艺规程的制订方法；第四篇主要介绍了现代先进制造企业普遍采用的CAPP/CAM技术要点。本书的内容以培养技术应用型人才为出发点，理论联系实际，职业技术教育专业要求与职业岗位应知应会兼顾。

本书可作为工程应用型本科、高等职业技术院校、开放大学、社会职业培训机构的机械制造及自动化、数控技术、模具设计与制造等机电类专业的教学用书，也可供相关专业师生及企业科技人员参考。

前 言

　　机械制造工艺是机械制造技术的关键,机械制造业是国家发展的支柱产业。当前,我国正处于实现"中国梦"的关键阶段,新材料、新技术、新工艺、新装备的应用日新月异,而大量掌握先进制造技术的应用型人才是制造业腾飞的基础。目前,大多数学校机械制造工艺教材主要讲述传统车、铣、刨、磨的机械加工工艺,这与飞速发展的现代先进制造业对机械制造工艺人才规格的需求格格不入! 培养既精通传统机械加工工艺,又能理解现代数控加工工艺,了解先进制造技术的现代机械制造工艺人才显得十分迫切。

　　传统机械加工工艺是现代制造工艺的基础,本书从培养现代机械制造业技术应用型人才的目的出发,在介绍传统机械加工工艺的基本理论及工艺规程制订方法的基础上,介绍了数控加工工艺的特点以及数控加工工艺规程的制订、数控特种加工技术及工艺、CAPP/CAM 技术等内容。本书的特色如下:

　　1. 采用"任务引领,项目导向"的教学模式组织内容。

　　2. 每一篇内容都设置有"任务导航""任务小结""任务思考""案例分析"等模块,便于读者学习。

　　3. 各篇的内容依据制造技术的发展为线索递进介绍,各阶段的技术既有联系又各具独立性,可供不同类型的读者灵活使用本书。

　　4. 全书每部分内容都配有案例分析,理论联系实际,把抽象的"工艺设计"变得有规律可循、具体可操作,方便初学者学习使用本书。

　　5. 本书对近几年出现的新工艺、新技术、新装备进行了介绍,内容比较齐全。

　　本书第一篇机械加工工艺,任务 1 机械加工工艺员由上海市高级技工学校冯健明老师编写,任务 2 机械加工工艺师由上海市高级技工学校张宗武老师编写;第二篇数控加工工艺,任务 3 数控加工工艺员由上海市高级技工学校周立波老师编写,任务 4 数控加工工艺师由苏州经贸职业技术学院姜辉老师编写;第三篇数控特种加工工艺由上海工程技术大学包幸生老师编写;第四篇 CAPP/CAM 工艺设计基础由上海工程技术大学高职学院(上海市高级技工学校)徐福林老师编写。

　　全书由上海工程技术大学高职学院(上海市高级技工学校)徐福林老师负责统稿,上海工程技术大学高职学院(上海市高级技工学校)刘素华博士负责审稿。

　　由于编者水平有限,错误和不足之处在所难免,恳请读者批评指正。

编者

2018.11

目 录

第一篇　机械加工工艺 ……………… 1

任务导航 ……………………………… 1

任务1　机械加工工艺员 ……………… 1

 1.1　机械加工工艺基础知识 ……… 1

 1.2　机械加工工艺规程的组成 …… 2

 1.3　生产纲领与生产类型及其工艺

   特征 …………………………… 3

 1.4　获得机械加工精度的方法 …… 4

 1.5　机械加工工艺规程概述 ……… 6

案例一　阶梯轴零件的机械加工

   工艺文件识读 ……………… 9

任务小结 ……………………………… 12

任务思考 ……………………………… 12

任务2　机械加工工艺师 ……………… 12

 2.1　机械加工工艺基础理论 ……… 12

 2.2　机械加工工艺文件的

   编制 ………………………… 25

案例二　拨叉零件的机械加工工艺文件

   编制 ………………………… 38

任务小结 ……………………………… 41

任务思考 ……………………………… 41

第二篇　数控加工工艺 ……………… 43

任务导航 ……………………………… 43

任务3　数控加工工艺员 ……………… 43

 3.1　数控加工基本知识 …………… 43

 3.2　数控加工工艺特点 …………… 53

 3.3　数控加工工艺文件的编制 …… 59

案例三　盖板零件的数控加工工艺文件

   编制 ………………………… 62

任务小结 ……………………………… 66

任务思考 ……………………………… 66

任务4　数控加工工艺师 ……………… 67

 4.1　加工中心工艺特点 …………… 67

 4.2　成组工艺简介 ………………… 71

 4.3　装配工艺简介 ………………… 75

 4.4　工艺分析与工艺管理

   基础 ………………………… 78

案例四　异形支架零件的数控加工工艺

   文件编制 ………………… 116

任务小结 …………………………… 119

任务思考 …………………………… 120

第三篇　数控特种加工工艺 ……… 121

任务导航 …………………………… 121

任务5　数控特种加工工艺员 ……… 121

 5.1　特种加工概述 ……………… 121

 5.2　特种加工的种类及工艺

   特点 ……………………… 123

案例五　凹模零件的数控线切割加工

   工艺文件编制 …………… 130

任务小结 …………………………… 133

任务思考 …………………………… 133

第四篇　CAPP/CAM 工艺设计 ········ 134

任务导航 ········ 134

任务6　CAPP 技术简介 ········ 134

　6.1　CAPP 基础 ········ 134

　6.2　CAPP 的基本原理 ········ 135

　6.3　CAPP 的组成与基本结构 ······ 136

　6.4　CAPP 系统的类型 ········ 137

　6.5　CAXA 软件 CAPP 模块
　　　简介 ········ 140

案例六　定位插销零件的 CAXA 系统
　　　　CAPP 工艺文件编制 ········ 142

任务小结 ········ 146

任务思考 ········ 146

任务7　CAM 技术简介 ········ 147

　7.1　NX/CAM 简介 ········ 147

　7.2　车削 CAM 工艺设计初步 ······ 154

　7.3　型腔铣削 CAM 工艺设计
　　　初步 ········ 158

　7.4　多轴加工 CAM 工艺设计
　　　初步 ········ 161

任务小结 ········ 167

任务思考 ········ 167

附录1:车削 CAM 加工实例 ········ 168

附录2:铣削 CAM 加工实例 ········ 183

附录3:多轴 CAM 加工实例 ········ 188

第一篇

[机 械 制 造 工 艺]

机械加工工艺

任务导航　本篇主要介绍机械加工工艺从业人员必须掌握的基本概念、基础理论,以及机械加工工艺基本技能。主要内容有:机械加工生产过程、工艺过程及生产类型的相关基本概念,获得机械加工精度的方法,制订机械加工工艺规程的基本知识及技能。通过两个案例,阐述了机械加工工艺文件识读和编制方法。

任务 1　机械加工工艺员

1.1　机械加工工艺基础知识

1. 生产过程

从原材料或半成品到成品制造出来的各有关劳动过程的总和称为生产过程。一个产品的生产过程包括:

- 原材料(或半成品、元器件、标准件、工具、工装、设备)的购置、运输、检验、保管;
- 生产准备工作,如编制工艺文件、专用工装及设备的设计与制造等;
- 毛坯制造;
- 零件的机械加工及热处理;
- 产品装配与调试、性能试验,以及产品的包装、发运等工作。

2. 工艺过程

在生产过程中直接用于改变生产对象的尺寸、形状、性能(包括物理性能、化学性能、机械性能等)以及相对位置关系的过程,统称为工艺过程。

常见的工艺过程有铸造、锻造、冲压、焊接、机械加工、装配等,本门课程只研究机械加工工艺过程和装配工艺过程;铸造、锻造、冲压、焊接、热处理等工艺过程一般是材料成型技术课程的研究内容。

用机械加工的方法直接改变毛坯形状、尺寸和机械性能等,使之变为合格零件的过程,称为机械加工工艺过程,又称为工艺路线或工艺流程。

由此可见,机械加工工艺过程是工艺过程的一种,而工艺过程是生产过程的一部分。

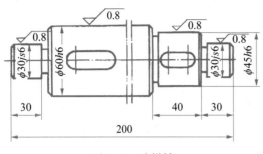

图 1-1 阶梯轴

1.2 机械加工工艺规程的组成

1. 工序

工序是指同一个或一组工人,在同一台机床或同一场所,对同一个或同时对几个工件所连续完成的那一部分工艺过程。即"三同一,一连续"。可见,工作地、工人、零件和连续作业是构成工序的4个要素,其中任一要素的变更即构成新的工序。连续作业是指该工序内的全部工作要不间断地连续完成。一个工艺过程需要包括哪些工序,由被加工零件结构复杂的程度、加工要求及生产类型决定。如图1-1所示的阶梯轴,在不同生产类型的工艺过程见表1-1及表1-2。

表 1-1 阶梯轴单件生产的工艺过程

工序号	工 序 名 称	设备
1	车端面,打中心孔,车外圆,切退刀槽,倒角	车床
2	铣键槽	铣床
3	磨外圆,去毛刺	磨床

表 1-2 阶梯轴大批大量生产的工艺过程

工序号	工 序 名 称	设 备
1	铣端面,打中心孔	铣端面和打中心孔机床
2	粗车外圆	车床
3	精车外圆,切退刀槽,倒角	车床
4	铣键槽	铣床
5	磨外圆	磨床
6	去毛刺	钳工台

同一工序中,有时也可能包含很多加工内容。为了更明确划分各阶段的加工内容,规定其加工方法,可将一个工序进一步划分为若干个工步。

2. 工步

工步是指在加工表面不变、加工工具不变、主要切削用量不变的条件下,连续完成的那一部分工序内容,即所谓"三不变、一连续"。同一加工表面往往要用同一工具加工几次才能完成,每次加工所完成的一部分工步称为一个工作行程或走刀。例如车外圆表面,连续车削3次,每次切削的切削用量中,仅切削深度这一项逐渐递减,将这3次切削作为同一工步,每次切削为一次走刀,即该工步包含3次走刀。

3. 安装

有些零件加工时,需要经过几次不同的装夹,第一次装夹的夹紧面必须经第二次装夹才能得以加工。将每次装夹后所完成的那部分工序称为一次安装。如图1-1所示的零件,在大批大量生产的工艺过程中,其第2、3和5工序中必须经过两次安装才能完成其工序的全部内容。可见安装是工序的一个部分,但在一个工序中应尽量减少安装次数,以免增加辅助时间及安装误差。

4. 工位

为了减少工件的安装次数,常采用多工位夹具或多轴(或多工位)机床,使工件在一次安装中先后经过若干个不同位置,顺次加工。此时,工件在机床上占据每一个位置所完成的那部分工序称为工位。

工序、安装、工位、工步与走刀等之间的关系如图1-2所示。

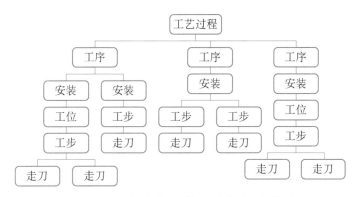

图 1-2　工序、安装、工位、工步与走刀的关系

1.3　生产纲领与生产类型及其工艺特征

1. 生产纲领

企业根据市场需求和自身的生产能力决定生产计划。在计划期内应当生产产品的产量和进度计划称为生产纲领。计划期一般定为一年,所以生产纲领就是产品的年产量。零件的生产纲领应计入废品和备品的数量。

零件的年生产纲领可按下式计算,即:

$$N = Qn(1+a+b)。 \tag{1-1}$$

式中,N 为零件的年产量,件/年;Q 为产品的年产量,台/年;n 为每台产品中该零件的数量,件/台;a 为备品的百分率;b 为废品的百分率。

生产纲领的大小决定了产品(或零件)的生产类型,而各种生产类型又有不同的工艺特征,制订工艺规程必须符合其相应的工艺特征。因此,生产纲领是制订和修改工艺规程的重要依据。

2. 生产类型

生产类型是衡量一个生产单位(企业、车间、班组等)生产某一产品的专业化程度的指标,其实质是某一个产品生产规模的大小,通常可分为:

(1) 单件小批量生产　单个地或少量重复生产某一产品。常用于新产品试制,专用设备

制造,大型、重型机器制造。

(2) 批量生产 一年中分批制造相同产品。例如,一、三季度生产 A 产品,二、四季度生产 B 产品。

(3) 大量生产 常年重复生产相同产品。例如,汽车、拖拉机、发动机及一些通用件(如轴承)等都以此种生产方式组织生产。

生产纲领和生产类型的关系因产品的大小和复杂程度而不同。生产类型的划分方式,见表 1-3、表 1-4。

表 1-3 按工作地专业化程度划分生产类型(GB/T 24738—2009)

生产类型	工作地专业化程度	
	工作地所担负的工序数 m	大批和大量生产 K_B
单件生产	40 以上	0.025 以下
小批生产	20~40	0.025~0.05
中批生产	10~20	0.05~0.1
大批生产	2~10	0.1~0.5
大量生产	1~2	0.5 以上

注:表中 $K_B = 1/m$

表 1-4 按生产产品的年产量划分生产类型(GB/T 24738—2009)

生产类型	年产量		
	重型机械	中型机械	轻型机械
单件生产	$\leqslant 5$	$\leqslant 20$	$\leqslant 100$
小批生产	5~100	20~200	100~500
中批生产	100~300	200~500	500~5 000
大批生产	300~1 000	500~5 000	5 000~50 000
大量生产	>1 000	>5 000	>50 000

注:表中生产类型的年产量应根据各企业产品情况而定

1.4 获得机械加工精度的方法

一、获得尺寸精度的方法

1. 试切法

试切(一小段)→测量→调刀→再试切,反复进行,直到达到规定尺寸再加工的一种加工方法,称为试切法。图 1-3 所示是一个车削的试切法实例。试切法加工的生产率低,加工精度取决于工人的技术水平,故常用于单件小批生产。

2. 调整法

先调整好刀具的位置,然后以不变的位置加工一批零件的方法,称为调整法。如图 1-4 所示,铣削时用对刀块和厚薄规调整铣刀位置的方法。调整法加工的生产率较高,精度较稳定,常用于批量、大量生产。

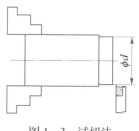

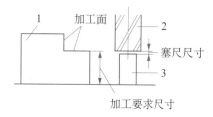

图 1-3 试切法　　　　　　　图 1-4 铣削时的调整法对刀

3. 定尺寸刀具法

通过刀具的尺寸来保证加工表面的尺寸精度,这种方法叫做定尺寸刀具法。例如,用钻头、铰刀、拉刀加工孔均属于定尺寸刀具法。这种方法操作简便,生产率较高,加工精度也较稳定。

4. 自动控制法

自动控制法是通过自动测量和数字控制装置,在达到尺寸精度时自动停止加工的一种尺寸控制方法。例如,数控加工就是采用自动控制法获得精确尺寸精度的。这种方法加工质量稳定、生产率高,是机械制造业的发展方向。

二、获得形状精度的方法

1. 刀尖轨迹法

通过刀尖的运动轨迹获得形状精度的方法称为刀尖轨迹法。形状精度取决于刀具和工件间相对成形运动的精度。车削、铣削、刨削等均属于刀尖轨迹法;数控切削加工通过 CNC 及 PLC 精确控制刀尖和工件作相对成形运动,获取零件的形状精度的方法亦属于刀尖轨迹法。

2. 仿形法

刀具按照仿形装置进给加工工件的方法称为仿形法。仿形法所得到的形状精度取决于仿形装置的精度以及其他成形运动的精度。仿形铣、仿形车均属仿形法加工。

3. 成形法

利用成形刀具加工工件获得形状精度的方法称为成形法。成形刀具替代一个成形运动(合成运动),所获得的形状精度取决于成形刀具的形状精度和其他成形运动精度。

4. 展成法

刀具和工件做展成切削运动(合成运动)形成包络面获得形状精度的方法称为展成法(或称包络法)。滚齿、插齿就属于展成法。

三、获得位置精度的方法(工件的安装方法)

当零件较复杂、加工面较多时,需要经过多道工序,其位置精度取决于工件的安装方式和安装精度。工件安装常用的方法如下。

1. 直接找正安装

用划针、百分表等工具直接找正工件位置并夹紧的方法称为直接找正安装法。如图 1-5 中用四爪单动卡盘安装工件,要保证加工后的 B 面与 A 面的同轴度要求,先用百分表按外圆 A 找正,夹紧后车削外圆 B,保证 B 面与 A 面的同轴度要求。此法生产率低,精度取决于工人技术水平和测量工具的精度,一般只用于单件小批生产。

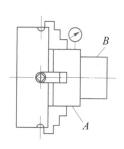

图 1-5 直接找正定位安装

2. 按划线找正安装

先用划针画出要加工表面的位置,再按划线用划针找正工件在机床上的位置并夹紧。由于划线既费时,又需要技术高的划线工,所以一般用于批量不大、形状复杂而笨重的工件或低精度毛坯的加工。

3. 用夹具安装

将工件直接安装在夹具的定位元件上的方法。这种方法安装迅速方便,定位精度较高而且稳定,生产率较高,广泛应用于批量和大量生产。

1.5 机械加工工艺规程概述

机械加工工艺规程是按一定格式以文件形式记录的工艺过程和操作方法。它具有稳定生产秩序、保证加工质量、指导生产计划、组织和管理等作用,是有关生产人员认真贯彻执行的纪律性文件,不得随意更改。

一、工艺规程的作用

工艺规程是机械制造厂最主要的技术文件之一,是工厂规章条例的重要组成部分。其具体作用如下:

● 它是指导生产的主要技术文件。工艺规程是最合理的工艺过程的表格化,是在工艺理论和实践经验的基础上制订的。工人只有按照工艺规程生产,才能保证产品质量和较高的生产率以及较好的经济效果。

● 它是组织和管理生产的基本依据。在产品投产前要根据工艺规程进行有关的技术准备和生产准备工作,如安排原材料的供应、通用工装设备的准备、专用工装设备的设计与制造、生产计划的编排、经济核算等工作。生产中对工人业务的考核也是以工艺规程为主要依据的。

● 它是新建和扩建工厂的基本资料。新建或扩建工厂或车间时,要根据工艺规程来确定所需要的机床设备的品种和数量、机床的布置、占地面积、辅助部门的安排等。

二、工艺规程的格式

将工艺规程的内容填入一定格式的卡片,即成为工艺文件。目前,工艺文件还没有统一的格式,各厂都是按照一些基本的内容,根据具体情况自行确定。各种工艺文件的基本格式如下。

1. 机械加工工艺过程卡(工艺路线卡)

工艺过程卡规定整个生产过程中,产品(或零件)所要经过的车间、工序等总的加工路线及所有使用的设备、工艺装备和工时等内容,可以作为工序卡片的汇总文件。由于各工序的说明不够具体,故一般不能直接指导工人操作,而多作为生产管理使用。在单件小批生产中,通常不编制其他较详细的工艺文件,而是以这种卡片指导生产,这时应编制得详细些。表1-5是机械加工工艺过程卡的参考样式。

2. 机械加工工艺卡

机械加工工艺卡片是以工序为单位详细说明整个工艺过程的工艺文件,简称工艺卡。其内容介于机械加工工艺过程卡片和机械加工工序卡片之间,是用来指导工人生产,帮助车间管理人员和技术人员掌握整个零件加工过程的一种主要技术文件。它广泛适用于成批生产的零件和小批生产中的重要零件。工艺卡片的内容包括零件的材料、质量、毛坯的制造方法、各个工序的具体内容,以及加工后要达到的精度和表面粗糙度等。表1-6是机械加工工艺卡的参考样式。

表 1-5　机械加工工艺过程卡

单位名称	机械加工工艺过程卡		产品型号		零(部)件图号					
			产品名称		零(部)件名称			共　页		第　页
材料牌号	毛坯种类		毛坯外形尺寸		每毛坯可制件数		每台件数		备注	
工序号	工序名称	工序内容				车间	工段	设备	工艺装备	工时
										准终 / 单件
1										
2										
3										
									设计日期 / 审核日期	标准日期 / 会签日期
标记	处数	更改文件号	签字	日期	标记	处数	更改文件号	签字	日期	

表 1-6　机械加工工艺卡

工厂名	机械加工工艺卡片	产品名称及型号		零件名称		零件图号			第　页
		材料	名称	毛坯	种类	零件质量/kg	毛重		共　页
			牌号		尺寸		净重		
			性能	每料件数		每台件数	每批件数		

工序	安装	工步	工序内容	同时加工零件数	切削用量				设备名称及编号	工艺装备名称及编号			技术等级	时间定额/min	
					背吃刀量/mm	切削速度/(m/min)	切削速度/(r/min)或双行程数/min	进给量/(mm/min)或(mm/r)		夹具	刀具	量具		单件	时间—终结

更改内容										

编制		抄写		校对		审核		批准	

3. 机械加工工序卡

工序卡是规定某一工序内具体加工要求的文件。除工艺守则已做出规定的之外,一切与工序有关的工艺内容都集中在工序卡片上,是用来具体指导工人操作的一种最详细的工艺文件。在这种卡片上,要画出工序简图,注明该工序的加工表面及应达到的尺寸精度和粗糙度要求、工件的安装方式、切削用量、工装设备等内容。在大批大量生产时都要采取这种卡片。如机械加工工序卡、装配工序卡、操作指导卡等。表 1-7 是机械加工工序卡的参考样式。

表 1-7 机械加工工序卡

(单位名称)		工序名称		工序号	
		产品名称		产品型号	
		零件名称		零件图号	
		每台产品零件数		备注	
		毛坯种类		材料牌号	
(工序图)		毛坯外形尺寸			
		夹具名称		夹具编号	
		上工序		下工序	
		工时定额/min	准备结束时间	单件时间	
			辅助时间	工时定额	
			基本时间		

工步	工步内容	背吃刀量 mm	转速/(r/min)	切削速度/(m/min)	进给量/(mm/min)	刀具		辅助工具		量具	
						名称	编号	名称	编号	名称	编号
1											
2											
3											
编制		学号		审核					共 页		第 页

需要说明的是,以前为了日常生产中使用不易破损,机械加工工艺卡一般用卡纸(较一般的纸厚,120 g 以上)制作成 A4(B5、16K)大小的卡片,因此,工艺卡又称为工艺卡片。使用时,由于工艺路线较长、工序内容较多,可能一张卡片不够填,可取另一张继续填,直到把相应的工艺内容写完整。

三、制订工艺规程的原则

制订工艺规程应遵循如下原则:

- 必须可靠地保证零件图纸上所有的技术要求的实现;
- 在规定的生产纲领和生产批量下,一般要求工艺成本最低;
- 充分利用现有生产条件,少花钱,多办事;
- 尽量减轻工人的劳动强度,保障生产安全,创造良好、文明的劳动条件。

四、制订工艺规程的原始资料

在制订机械加工工艺规程时,必须首先掌握下列原始资料。这些原始资料有的是领导部门下达的,有些则要自己精心收集和详细调查了解。必须掌握的原始资料有:

- 产品的整套装配图和零件图;
- 产品验收的质量标准;
- 产品的生产批量及生产纲领;
- 毛坯的情况;

- 本厂的生产条件；

- 各种有关手册、标准及指导性文件。

手册有切削用量手册、加工余量手册、时间定额手册、夹具手册、刀具手册以及机床技术性能手册；标准有公差标准、机械零件标准等。这些资料是制订工艺规程所需要的。

五、制订工艺规程的步骤

有了上述资料，即可开始制订工艺规程，其大致步骤如下：

- 分析产品的零件图与装配图；

- 计算零件的生产纲领，确定生产类型，计算生产节拍；

- 选择毛坯，根据零件的材料、结构、生产节拍，选择毛坯的种类与制造方法；

- 拟定工艺路线；

- 确定各工序所用的设备和工艺装备；

- 确定各工序的加工余量，计算各工序的尺寸与公差；

- 计算切削用量，估算工时定额；

- 确定各主要工序的检验方法；

- 评价各种工艺路线，进行技术经济分析；

- 填写工艺文件。

案例一　阶梯轴零件的机械加工工艺文件识读

图 1-6 所示为某二级减速器中的阶梯轴，年产量为 5 000 件。表 1-8 是阶梯轴的机械加工工艺过程卡，表 1-9 为工序号 45 的工序卡。

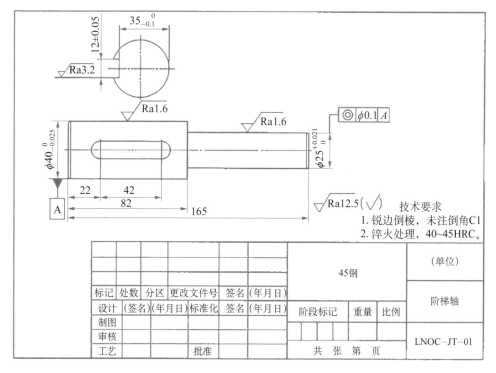

图 1-6　阶梯轴零件图

表 1－8　阶梯轴机械加工工艺过程卡

机械加工工艺过程卡片		产品型号			零件图号					
		产品名称			零件名称			共　页		第　页
材料牌号		毛坯种类		毛坯外形尺寸			每毛坯件数	每台件数	备注	

工序号	工序名称	工序内容	车间	工段	设备	工艺装备	工时/s	
							准终	单件
05	下料	下料 $\phi55\times(102.5\pm0.35)$	金		锯床			
10	锻	见锻件毛坯图	锻					
15	热	退火 35~42HRC	热					
20	车	车 $\phi40$ 段外圆到 $\phi40.4_{-0.16}^{0}$，$\phi25$ 段外圆到 $\phi25.4_{-0.13}^{0}$，保证长度 82 和 165，两端打 A 型中心孔，车退刀槽 3×2，倒角 $1\times45°$	机		C6140	YT5 硬质合金外圆车刀、中心钻 A3.0/7.5 GB/T 6078.1－1998	10	169
25	铣	铣键槽宽(12±0.05)mm，深度至 $35.2_{-0.0875}^{-0.08}$	机		X5012	高速工具钢 $\phi12$ mm 键槽铣	11	154
35	热	淬火 52-58HRC	热					
40	钳	研磨两端中心孔	金		中心孔研磨机	硬质合金研磨棒	10	120
45	磨	磨 $\phi40$ 和 $\phi25$ 外圆到设计尺寸	机		M1331	双顶尖、外径千分尺	11	416
50	检查							

			设计（日期）	校对（日期）	审核（日期）	标准化（日期）	会签（日期）	

表 1－9　阶梯轴工序 45 机械加工工序卡

阶梯轴机械加工工序卡片	产品型号	H35	零部件图号		201000115	
	产品名称	起重机	零部件名称	阶梯轴	共20页	第16页

$\sqrt{Ra1.6}$

$\phi40_{-0.025}^{0}$　$\phi25_{0}^{+0.021}$

车间	工序号	工序号称	材料牌号
金工	45	磨	45钢
毛坯种类	毛坯外形尺寸	每毛坯可制件数	每台件数
原型材	$\phi45\times169$	1	1
设备名称	设备型号	设备编号	同时加工件数
外圆磨床	M1331	10012	1
夹具编号		夹具名称	切削液
			乳化液

续　表

				工位器具编号	工位器具名称	工序工时/min	
						单件	终结
				1005	存储架5	8.5	0

工步号	工步内容		工艺装备	主轴速度/(r/min)	切削速度/(m/min)	进给量(mm/r)	背吃刀量/mm	走刀次数	机动工时/min	
									机动	辅助
1	磨 $\phi40.4^{\ 0}_{-0.16}$ 到 $\phi40^{\ 0}_{-0.025}$		双顶尖	112	28	25	0.1	4	5	2
2	磨 $\phi25.4^{\ 0}_{-0.13}$ 到 $\phi25^{+0.021}_{\ 0}$		双顶尖	112	28	25	0.1	4		

						设计(日期)	校对(日期)	审核(日期)	标准化(日期)	会签(8期)

标记	处数	更改文件编号	签字	日期	标记	处数	更改文件号	签字	日期

任务分析

表1-8机械加工工艺过程卡共分9道工序,其中,用机械加工的工序包括05、20、25、40、45共5道工序。因此,此项工作任务需要编制机械加工工序卡5张。表1-9为工序号为45的工序卡。

任务实施

1. 机械加工工艺过程卡的识读

(1)零件的总体情况　零件、产品的名称、图号,产品的总零件数,零件的材料牌号、毛坯种类、尺寸,每毛坯件数,零件设计、工艺及审核人员会签时间、签名等。

(2)阶梯轴的工艺路线　下料—锻—预备热处理—车削—铣削—最终热处理—钳工—磨削—检查。

(3)工序加工内容　每道工序的加工内容、工艺基准的使用、地点(场所)、工装、设备及单件工时等。各工序内容的描述不是很详细,要想了解各工序内容的详细内容可参阅机械加工工序卡。例如,工序加工内容的定位基准的具体描述、工步内容、走刀参数等。

2. 机械加工工序卡的识读

(1)零件的总体情况　零件、产品的名称、图号,产品的总零件数,零件的材料牌号、毛坯种类、尺寸,每毛坯件数,零件设计、工艺及审核人员会签时间、签名等。

(2)工序简图　主要表达工序加工内容,如零件尺寸较大,其余部分可用双点划线分界,省略不表达出来。工序简图上应标明定位基准、夹紧位置、方式加工要求(尺寸精度、表面精度、位置精度),数控加工还应标明编程原点、基点坐标、节点坐标、刀具的起点、上刀点、退刀点、走刀路线等。由于数控加工工序简图要标明的内容较多,在传统的工序卡上工序简图位置

表达不清楚,常用简化数控加工工序卡。简化数控加工工序卡不画工序简图,而用走刀路线图专门表达工序走刀路线等内容,详见第二篇数控加工工序相关内容。

(3)工步内容　每工步加工内容、工装、走刀次数、工时,第次走刀的切削参数。工步加工内容描述较为详细。

任务小结

(1)机械加工生产过程与工艺过程。
(2)机械加工工艺规程的组成。
(3)生产纲领与生产类型及其工艺特征。
(4)获得机械加工精度的方法。
(5)机械加工工艺规程概述。

任务思考

(1)机械加工生产过程与工艺过程的概念及两者之间的关系是什么?
(2)工序、工步、走刀、安装和工位的概念及它们之间的关系是什么?
(3)生产纲领与生产类型的概念及其工艺特征是什么?
(4)获得机械加工精度的方法有哪些?
(5)机械加工工艺规程的概念及作用是什么?
(6)制订工艺规程的原则是什么?
(7)制订工艺规程的原始资料有哪些?
(8)制订工艺规程的步骤有哪些?

任务 2　机械加工工艺师

2.1　机械加工工艺基础理论

一、零件机械加工工艺分析

1. 零件图分析

(1)检查零件图的完整性和正确性　在了解零件形状和结构之后,应检查零件视图是否正确、足够,表达是否直观、清楚,绘制是否符合国家标准,尺寸、公差以及技术要求的标注是否齐全、合理等。

(2)零件的技术要求分析　零件的技术要求分析包括以下几个方面:

● 加工表面的尺寸精度;

● 主要加工表面的形状精度;

● 主要加工表面之间的相互位置精度;

● 加工表面的粗糙度以及表面质量方面的其他要求；

● 热处理要求；

● 其他要求（如动平衡、未注圆角或倒角、去毛刺、毛坯要求等）。

2. 零件的结构工艺性分析

一个好的机器产品和零件结构不仅要满足使用性能的要求，而且要便于制造和维修，即满足结构工艺性的要求。在产品技术设计阶段，工艺人员要对产品结构工艺性进行分析和评价；在产品工作图设计阶段，工艺人员应对产品和零件结构工艺性进行全面审查并提出意见和建议。下面就从零件和产品两个方面来分析一下结构工艺性的问题。

（1）零件结构工艺性　零件结构工艺性是指在满足使用要求的前提下，制造该零件的可行性和经济性。它由零件结构要素的工艺性和零件整体结构的工艺性两部分组成。

（2）产品结构的工艺性　产品结构的工艺性是指所设计的产品在满足使用要求的前提下，制造、维修的可行性和经济性。显然，制造的可行性和经济性应当包含制造过程的各个阶段，包括毛坯制造、机械加工和装配等。

二、零件毛坯的选择

选择毛坯的基本任务是选定毛坯的制造方法及其制造精度。毛坯的选择不仅影响毛坯的制造工艺和费用，而且影响到零件机械加工工艺及其生产率与经济性。如果选择高精度的毛坯，可以减少机械加工劳动量和材料消耗，提高机械加工生产率，降低加工的成本。但是，却提高了毛坯的费用。因此，选择毛坯要从机械加工和毛坯制造两方面综合考虑，以求得到最佳效果。

1. 毛坯的种类

（1）铸件　铸件适用于形状较复杂的零件毛坯。铸造方法有砂型铸造、精密铸造、金属型铸造、压力铸造等，较常用的是砂型铸造。当毛坯精度要求低、生产批量较小时，采用木模手工造型法；当毛坯精度要求高、生产批量很大时，采用金属型机器造型法。铸件材料有铸铁、铸钢及铜、铝等有色金属。

（2）锻件　锻件适用于强度要求高、形状比较简单的零件毛坯。其锻造方法有自由锻和模锻两种。自由锻毛坯精度低、加工余量大、生产率低，适用于单件小批生产以及大型零件毛坯。模锻毛坯精度高、加工余量小、生产率高，但成本也高，适用于中小型零件毛坯的大批大量生产。

（3）型材　型材有热轧和冷拉两种。热轧适用于尺寸较大、精度较低的毛坯；冷拉适用于尺寸较小、精度较高的毛坯。

（4）焊接件　焊接件是根据需要将型材或钢板焊接而成的毛坯件，它简单方便，生产周期短。但需经时效处理后才能进行机械加工。

（5）冷冲压件　冷冲压件毛坯可以非常接近成品要求，在小型机械、仪表、轻工电子产品方面应用广泛。但因冲压模具昂贵而仅用于大批大量生产。

2. 毛坯选择时应考虑的因素

在选择毛坯时应考虑下列一些因素。

（1）零件的材料及机械性能要求　材料的工艺特性决定了其毛坯的制造方法。零件的材料选定后，毛坯的类型就大致确定了。例如，材料为灰铸铁的零件必用铸造毛坯；为获得良好

的力学性能;重要的钢质零件应选用锻件,在形状较简单及机械性能要求不太高时,可用型材毛坯;有色金属零件常用型材或铸造毛坯。

(2)零件的结构形状与大小 大型且结构较简单的零件毛坯多用砂型铸造或自由锻;结构复杂的毛坯多用铸造;小型零件可用模锻件或压力铸造毛坯;板状钢质零件多用锻件毛坯;轴类零件的毛坯,如直径和台阶相差不大,可用棒料;如各台阶尺寸相差较大,则宜选择锻件。

(3)生产纲领的大小 当零件的生产批量较大时,应选用精度和生产率均较高的毛坯制造方法,如模锻、金属型机器造型铸造和精密铸造等。当单件小批生产时,则应选用木模手工造型铸造或自由锻造。

(4)现有生产条件 确定毛坯时必须结合具体的生产条件,如现场毛坯制造的实际水平和能力、外协的可能性等。

(5)充分利用新工艺、新材料 为节约材料和能源、提高机械加工生产率,应充分考虑精炼、精锻、冷轧、冷挤压、粉末冶金和工程塑料等在机械中的应用,这样,可大大减少机械加工量,甚至不需要加工,大大提高经济效益。

3. 毛坯的形状与尺寸的确定

实现少切屑、无切屑加工,是现代机械制造技术的发展趋势之一。但是,由于受毛坯制造技术的限制,加之对零件精度和表面质量的要求越来越高,因此毛坯上的某些表面仍需留有加工余量,以便通过机械加工达到质量要求。这样毛坯尺寸与零件尺寸就不同,其差值称为毛坯加工余量,毛坯制造尺寸的公差称为毛坯公差,它们的值可参照加工余量的确定一节或有关工艺手册来确定。下面仅从机械加工工艺角度来分析在确定毛坯形状和尺寸时应注意的问题。

● 为了加工时安装工件的方便,有些铸件毛坯需铸出工艺搭子,如图1-7所示。工艺搭子在零件加工完毕后一般应切除,如对使用和外观没有影响也可保留在零件上。

● 装配后需要形成同一工作表面的两个相关零件,为保证加工质量并使加工方便,常将这些分离零件先做成一个整体毛坯,加工到一定阶段再切割分离。例如图1-8所示车床走刀系统中的开合螺母外壳,其毛坯是两件合制的。

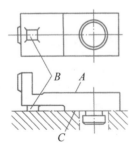

图1-7 工艺搭子实例

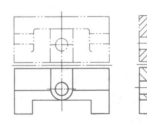

图1-8 车床开合螺母外壳简图

● 对于形状比较规则的小型零件,为了提高机械加工的生产率和便于安装,应将多件合成一个毛坯,当加工到一定阶段后,再分离成单件。例如图1-9所示的滑键,毛坯的各平面加工好后切离为单件,再加工单件。

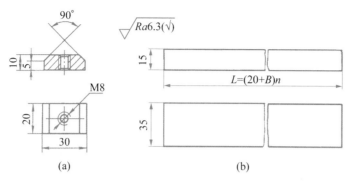

图 1 - 9　滑键的零件图与毛坯图

三、零件机械加工定位基准的选择

1. 基准的概念及其分类

为了保证工件待加工表面与其他表面之间的相对位置,在工件加工前,首先必须保证工件在机床上占据正确的位置。而正确位置的确定是以某一些表面为参考的,这种用来确定零件上其他点、线、面位置所依据的点、线、面称为基准。按其功用不同,基准可分为设计基准和工艺基准两大类。

(1)设计基准　在零件设计图上用来确定其他点、线、面的基准。如图 1 - 10 所示的钻套零件,轴心线 $O—O$ 是各外圆和内孔的设计基准,端面 A 是端面 B、C 的设计基准。

(2)工艺基准　在零件加工及装配过程中使用的基准。按其用途又可分为:

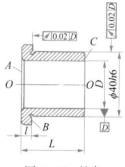

图 1 - 10　钻套

① 定位基准:在加工中用作定位的基准。如图 1 - 10 所示的钻套,用内孔装在心棒上磨削外圆 $\phi40h6$ 时,内孔 D 就是定位基准。定位基准又可分为粗基准和精基准。用作定位的表面,如果为没有加工过的毛坯表面,则称为粗基准;如为已经加工过的表面,则称为精基准。

② 测量基准:零件测量时所采用的基准。如图 1 - 10 所示的钻套,用内孔装在心棒上来测量 $\phi40h6$ 外圆的径向跳动与端面 B 的端面跳动时,内孔 D 即为测量基准。

③ 装配基准:装配时用来确定零件或部件在产品中的相对位置所采用的基准。如图 1 - 9 所示的钻套,其外圆 $\phi40h6$ 及端面 B 即为钻套的装配基准。

④ 工序基准:在工序图上用来确定本工序所加工表面加工后的尺寸、形状、位置的基准。

工艺基准是加工、测量和装配时所用的基准,必须是实在的。然而作为基准的点、线、面,有时在零件上并不一定具体存在(如孔的中心线、两平面的对称面等),往往通过具体的表面来体现,这些表面称为基面。如图 1 - 10 中的钻套中心线并不存在,是通过内孔 D 来体现的。

选择工件上的哪些表面作为定位基准,是制订工艺规程的一个十分重要的问题。在最初的工序中,只能用工件上未经加工的毛坯表面作为定位基准,即粗基准。在以后的工序中,则

采用经过加工的表面作为定位基准,即精基准。在选择定位基准时,主要考虑以下几个方面的要求:

- 保证加工面与不加工面之间的正确位置。
- 保证加工面和待加工面之间的正确位置,使得待加工面加工时余量小而均匀。
- 提高加工面和定位基准之间的位置精度(包括其相关尺寸的精度)。
- 装夹方便、定位可靠、夹具结构简单。

2. 定位基准的选择

(1) 粗基准的选择　主要是第一道工序定位基准的选择,选择得好坏对以后各加工表面余量的分配以及保证不加工表面与加工表面间的尺寸、相互位置都有很大影响。具体选择可参照下列原则。

① 余量均匀原则:对于一些重要表面,要求其总加工余量均匀一致,则以它作为粗基准。例如,车床床身粗加工时,为保证异轨面有均匀的全相组织和较高的耐磨性,应使其加工余量适当而且均匀,因此,应该选择异轨面作为粗基准,先加工床脚面、再以床脚因为精基准加工异轨面。如图 1-11 所示。

② 保证不加工面位置正确的原则:工件上若有一些不加工的表面,它们与加工面之间也要求有一个正确的位置关系,这些位置关系有时并不直接标注在图样上,但是经过分析,可以从图面上看出来,如果不注意它们,将会影响到零件的美观甚至零件的使用性能。零件外形上的对称、孔的壁厚均匀、箱体零件的内腔尺寸等都是这方面常见的例子。用不加工表面作为粗基准,就能保证不加工面与加工面之间的位置比较正确,如图 1-12 所示。

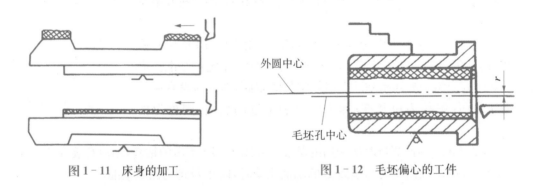

图 1-11　床身的加工　　　　　　　图 1-12　毛坯偏心的工件

③ 粗基准只能有效使用一次的原则:因为粗基准本身都是未经机械加工的毛坯表面,其精度和表面粗糙度都较差,如果在某一个(或几个)自由度上重复使用粗基准,则不能保证两次装夹的工件与机床、刀具的相对位置一致,因而使得两次装夹加工出来的表面之间位置精度降低。

④ 粗基准平整光洁、定位可靠的原则:粗基准虽然是毛坯表面,但应当尽量平整、光洁、无飞边,不应当选毛坯分型面或分模面所在的表面为粗基准。

⑤ 有多个相关表面需要加工时,应采用加工余量最小的表面作为粗基准。这样可保证该表面的余量小而均匀,有效避免了余量不够甚至出现黑斑的情况。以免影响定位的准确性和可靠性。

（2）精基准的选择　精基准选择时，主要考虑保证加工质量减少定位误差。具体选择时可参考以下原则。

① 基准重合原则：基准重合原则是指定位基准与设计基准重合，主要用于保证被加工表面尺寸精度。被加工表面从哪设计就从哪定位，这样可以避免因基准不重合而产生的误差。图 1-13 所示的车床床头箱上的主轴孔的中心高 $H_1 = (205 \pm 0.1)$ mm，其设计基准是底面 M。若镗主轴孔时以底面 M 为定位基准，则定位基准与设计基准重合，可以直接保证尺寸 H_1。若为了便于安装镗模导向支架，将工件倒过来以顶面 N 为定位基准，则定位基准与设计基准不重合。这时直接保证的尺寸是 H，而尺寸

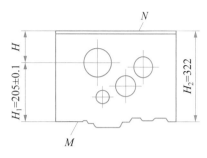

图 1-13　车床床头箱

H_1 是通过 H 及 H_2 间接得到的，则 H_2 的误差就会影响 H_1 的加工精度。所以，尺寸 H_2 的误差即为基准不重合误差。

② 基准统一原则：若干被加工表面尽量选用同一组基准来加工，用于保证各被加工表面位置要求。例如，轴类零件常用顶尖孔作为统一的定位基准来加工各外圆表面，这样可保证各外圆表面之间较高的同轴度；箱壳类零件常用一平面和两孔作为精基面；盘类零件常用一端面和一短孔作为统一的基准。

③ 互为基准的原则：对于相对位置精度及自身的尺寸与形状精度都要求很高的一对表面，可采用互为基准反复多次精加工，以达到很高的相互位置精度。

④ 自为基准的原则：在精加工或光整加工中，要求加工余量小而均匀，则加工时就应选择加工表面本身作为基准（即自为基准），而该表面与其他表面之间的位置精度则由先行工序保证。

⑤ 便于装夹原则：除了上述讨论的原则方法以外，精基准的选择还应考虑到相应的夹具设计和人工操作，应保证足够的装夹刚度，使工件变形尽量小，应使装夹表面尽量靠近加工面，减少切削力产生的力矩。

四、零件机械加工工艺路线的拟定

工艺路线是工艺规程的主体，包括加工表面的加工方法的选择、各表面的加工顺序、加工阶段与工序的划分等工作，是制订工艺规程中最实质性的工作。

1. 表面加工方法的选择

可根据以下原则选择加工方法。

① 应按各种加工方法的经济加工精度选择。经济加工精度是指在正常生产条件下（指设备、工装、工人技术等都无特殊要求）所能获得的加工精度。

② 应根据工件材料特性选择合适的加工方法。要充分注意到不同加工方法的适用场合。例如，有色金属加工应用切削加工方法而不宜用磨削，而淬火钢工件则应用磨削加工方法。

③ 加工方法必须与生产类型相协调。

④ 加工方法要同本厂生产条件相协调。所选择的加工方法必须以本厂现有设备、工艺为基础，既考虑到充分利用现有设备，又要考虑不断革新改造，挖掘企业潜力，提高企业的生产工

艺水平。

虽然每个加工表面的加工方法已经确定，但要顺利实施，还需安排加工先后次序。次序的安排不是简单的排列组合，而是要充分考虑加工质量、生产率、成本及管理等各方面的因素。

2. 加工顺序的安排

（1）划分加工阶段　切削加工是加工过程的主体，工件的绝大多数加工质量要求是通过切削加工实现的。通常，根据加工要求将其分为以下4个加工阶段。

① 粗加工阶段：大部分切削余量在这一阶段完成。由于通常这一阶段不作为表面加工的终结工序，因此加工质量不是主要因素，而生产率则是重点考虑对象，以在尽量短的时间内完成大部分的切削余量。

② 半精加工阶段：通常在热处理前进行，主要是为一些重要表面的精加工做准备，以及一些次要表面的终结工序加工（如钻孔、攻丝、铣键槽等）。对于一些重要表面，应保证留有一定的精加工余量，并保证一定的加工精度。

③ 精加工阶段：全面达到图纸设计要求。对于一些精度特别高（主要指尺寸精度和表面粗糙度）的加工表面，还需经过光整加工。

④ 光整加工阶段：以提高尺寸精度、降低表面粗糙度为主，而几何形状精度和位置精度应依靠前道工序保证。

之所以要划分加工阶段，主要是出于以下几方面的原因：

● 保证加工质量，提高生产效率。粗加工阶段切削余量大，可采用较大的切削用量以提高生产率，但由此产生的大切削力和切削热及所需的大夹紧力会使工件产生较大内应力和变形，不可能获得高的加工精度。而通过半精加工和精加工阶段，逐步减小切削用量、切削力和热，减少变形，提高加工精度，从而达到图纸要求。同时，在各个加工阶段的时间间隔所产生的自然时效处理效果，有利于工件内应力的消除，便于在最后工序中修正。

● 合理使用机床设备。划分加工阶段后，可在不同阶段使用不同类型的机床，充分发挥各种设备的使用效率。例如在粗加工阶段，可以采用高效率大功率的低精度机床设备，以提高生产率为主要目的；而在精加工阶段，则采用高精度机床，以保证加工精度为首要任务，并且还可保证精密机床的使用寿命。

● 便于安排热处理工序。在各个加工阶段之间，根据上一阶段的加工特点及下一阶段的加工要求，安排合理的热处理工序。例如在主轴粗加工后进行时效处理，消除内应力；在半精加工后，淬火处理，达到表面物理机械性能的要求；在精加工后，进行冷处理及低温回火，保证主轴的低温特性，最后再光整加工。

● 及时发现毛坯缺陷，避免浪费工时。由于粗加工阶段切削余量大，能尽早暴露致命缺陷，可以及时报废，以避免后续工序的浪费。

● 保护重要表面。将精加工放在最后，减少了重要表面加工完成后的运输路线，避免受到损伤。

当然，上述加工阶段的划分不是绝对的，对一些特殊工件或特定加工条件，也有不划分加工阶段的。例如一些特大型工件，若加工精度不高，则可一次装夹完成，避免了困难的多次安装和运输。

（2）切削加工顺序的安排　　根据加工阶段的划分,切削加工顺序可参考下列原则安排。

① 先粗后精：先安排粗加工,中间安排半精加工,最后安排精加工和光整加工。

② 先主后次：先加工主要表面,后加工次要表面。

③ 先基面后其他：基面由于在工艺过程中的重要作用,自然应先加工出来,通常在第一道工序中便加工出所需的精基面。

④ 先面后孔：加工孔时,先加工孔口平面再加工孔。

（3）热处理工序　　有以下几道。

① 预备热处理：主要目的在于改善切削性能,消除内应力,常安排在机械加工前。常用的方法有退火、正火、调质。

② 最终热处理：根据零件设计要求安排热处理,以达到指定的热处理效果。主要是为了获得材料的高强度和高硬度。常用方法有淬火—回火;还有其他一些特定的热处理方法,如氮化、发蓝等。

③ 消除内应力处理：消除工件内应力,避免工件变形。通常安排在粗加工之后、半精加工之前。常用方法有人工时效、退火等。

（4）辅助工序　　除上述切削加工工序和热处理工序外,为了保证加工质量及工艺过程顺利,还需安排必要的辅助工序。其中,检验工序是主要的辅助工序。除了每个操作者需自行检验本工序的加工质量外,还需在下列情况下安排另外的检验工序。

① 粗加工阶段结束后：避免致命缺陷造成进一步的加工浪费。

② 重要工序之后：保证工序加工质量。

③ 转换车间前：明确可能产生的质量问题所在位置。

④ 全部加工完成后：终检。

3. 工序的集中与分散

若每道工序包含的加工内容多,则整个工艺过程的工序数就少、工艺路线短,称此为工序集中;而若每道工序包含的加工内容少,则一个零件的加工将分散在很多工序中完成,这时工艺路线长、工序多,称之为工序分散。这两种划分工序的指导思想各有特点,应根据具体情况,酌情使用。

（1）工序集中的特点　　有以下两点。

① 便于一次安装完成多个表面加工。因为每道工序包含许多加工内容,需加工多表面,这些表面的定位基准符合统一基准原则,便可以通过一次装夹一起完成。

② 可以减少机床、操作工人的数量,从而节省车间面积,简化生产计划和生产组织工作。

（2）工序分散的特点　　有以下两点。

① 机床设备及工装结构简单,便于调整。由于每一工序只需完成少量的加工内容,因此相应的设备较简单,更新新产品所需的调整工作量较小。

② 技术要求低。由于每一个工人只需掌握该工序很少的加工内容所需的技术,所以相对技术要求较低。

五、零件机械加工工序余量的确定

1. 加工余量的基本概念

机械加工时,从工件表面切去的一层金属称为加工余量。在一个工序中,从工件表面切去

的一层金属厚度称为工序余量,它等于相邻两工序的工序尺寸之差。工序余量又可分为单边余量和双边余量。平面加工余量为单边余量,等于被切除的金属层厚度;对于回转表面,如外圆、内孔等,加工余量是从直径上考虑的,称为双边余量(对称余量),等于实际切除的金属层的两倍。图 1-14 表示了它们和工序尺寸之间的关系,即

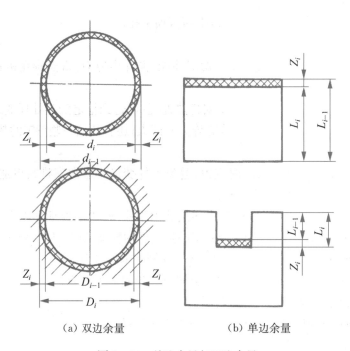

（a）双边余量 （b）单边余量

图 1-14 单边余量与双边余量

对于外表面	$Z_i = L_{i-1} - L_i;$	(1-2)
对于内表面	$Z_i = L_i - L_{i-1};$	(1-3)
对于轴	$2Z_i = d_{i-1} - d_i;$	(1-4)
对于孔	$2Z_i = D_i - D_{i-1}。$	(1-5)

式中,Z_i 为本道工序单边工序余量;L_i 为本道工序的工序尺寸;L_{i-1} 为上道工序的工序尺寸;D_i 为本道工序的孔直径;D_{i-1} 为上道工序的孔直径;d_i 为本道工序的外圆直径;d_{i-1} 为上道工序的外圆直径。

各道工序余量之和为加工总余量(即毛坯余量),等于毛坯尺寸与零件图样上的设计尺寸之差。

由于毛坯制造和各工序加工中都不可避免地存在误差,使得实际上的加工余量成为变动值,其变动范围(即余量的公差)等于本道工序尺寸公差 T_i 与上道工序尺寸公差 T_{i-1} 之和。通常工序余量是上道工序与本道工序基本尺寸之差,称为公称余量。对于被包容面来说,上道工序最大工序尺寸与本道工序最小工序尺寸之差为最大余量 Z_{max},上道工序最小工序尺寸与本道工序最大工序尺寸之差称为最小余量 Z_{min}。但是,对于包容表面则正相反。

2. 影响加工余量的因素

影响加工余量的因素比较复杂，主要因素如下：

● 上道工序产生的表面粗糙度 R_y 和表面缺陷层深度 H_{i-1}，如图 1-15 所示。

● 上道工序的尺寸公差 T_{i-1}，如图 1-16 所示。

● 上道工序留下的空间位置误差 P_{i-1}，如图 1-17 所示。

● 本工序的装夹误差 ε_i，如图 1-18 所示。

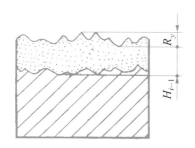

图 1-15　工件的加工表面质量（表面粗糙度及缺陷层）

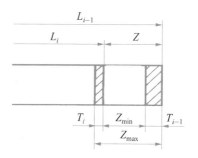

图 1-16　被包容件的加工余量及公差

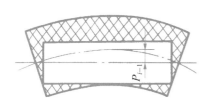

图 1-17　轴线弯曲对加工余量的影响

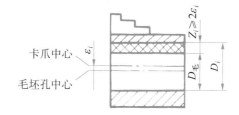

图 1-18　装夹误差对加工余量的影响

因为空间位置误差和装夹误差都是有方向的，所以应采用矢量相加的方法。工序余量的组成可用下式来表示：

对于单边余量　$Z_i = T_{i-1} + R_y + H_{i-1} + |P_{i-1} + \varepsilon_i|$；

对于双边余量　$2Z_i = T_{i-1} + 2(R_y + H_{i-1}) + 2|P_{i-1} + \varepsilon_i|$。

3. 加工余量的确定

确定加工余量的方法有：经验估计法、查表修正法、分析计算法。

六、零件机械加工工序尺寸公差的确定

在结构设计、加工工艺或装配工艺过程中，经常会遇到相关尺寸、公差和技术要求的计算分析问题。在很多情况下，运用尺寸链原理可以较好地获得解答。

1. 基准重合时，工序尺寸及其公差的计算

当工序基准、定位基准或测量基准与设计基准重合，多次加工表面时，工序尺寸及公差的计算是比较容易的。例如轴、孔和某些平面的加工，计算时只需考虑各工序的加工余量和所能达到的精度。其计算顺序是由最后一道工序开始向前推算：

● 定毛坯总余量和工序余量；

● 定工序公差,最终工序尺寸公差等于设计尺寸公差,其余工序公差按经济精度确定;

● 求工序基本尺寸,从零件图上的设计尺寸开始,一直往前推算到毛坯尺寸,某工序基本尺寸等于后道工序基本尺寸加上或减去后道工序余量;

● 标注工序尺寸公差,最后一道工序的公差按设计尺寸标注,其余工序尺寸公差按入体原则标注,毛坯尺寸公差对称标注。

2. 基准不重合时,工序尺寸及其公差的计算

在零件加工或机器装配过程中,由相互联系的尺寸形成的封闭尺寸组,称为尺寸链。

(1) 根据尺寸链的使用场合可分为:

① 工艺尺寸链:在零件加工过程中,由同一零件有关工序尺寸形成的尺寸链。

② 装配尺寸链:在机器设计和装配过程中,由若干零件的有关设计尺寸形成的尺寸链。

(2) 根据尺寸链中各尺寸的几何特征或空间位置分为:

① 直线尺寸链:由彼此平行的直线尺寸所组成。即只考虑一个方向的尺寸。

② 角度尺寸链:由角度尺寸构成的尺寸链。注意平行度、垂直度等位置关系的尺寸链也是角度尺寸链。

③ 平面尺寸链:在同一平面内由角度尺寸和直线尺寸构成的尺寸链。

④ 空间尺寸链:由几个不同平面内的尺寸(角度尺寸及直线尺寸)组成的尺寸链。

(3) 组成尺寸链的每一尺寸称为尺寸链的环,可分为封闭环和组成环两种。

① 封闭环 在零件加工中间接保证的或在机器装配中最后形成的尺寸称为封闭环。

② 组成环 尺寸链中除封闭环以外的环为组成环。

显然,封闭环只有一个。根据对封闭环尺寸大小变化的影响,组成环可分为增环和减环。

● 增环:凡该环变动(增大或减小)引起封闭环同向变动(增大或减小)的环称为增环。

● 减环:凡该环变动(增大或减小)引起封闭环反向变动(减小或增大)的环称为减环。

通常,一个尺寸链由一个封闭环和至少两个组成环构成,其中可能只有增环或减环或两者都有。

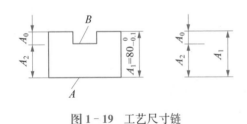

图 1-19 工艺尺寸链

下面以图 1-19 为例说明各环的特点。

工件上尺寸已加工好,现以底面 A 定位,用调整法铣槽 B,保证尺寸 A_0。显然尺寸 A_1 和 A_2 确定后,A_0 尺寸也相应确定。由尺寸 A_0、A_1、A_2 构成了封闭的尺寸组,这是一个工艺尺寸链。由于只考虑高度方向的尺寸,属直线尺寸链。在该尺寸链中,尺寸 A_1 已加工好,属直接保证的尺寸,为组成环。在调整法加工中,通过调整刀具到底面(定位面)的距离获得尺寸 A_2,也为直接保证的尺寸,属组成环。只有尺寸 A_0 是由尺寸 A_1、A_2 间接保证的,属封闭环。

当尺寸 A_1 增大时(A_2 不变),尺寸(封闭环)A_0 也增大,故 A_1 为增环;当尺寸 A_2 增大时(A_1 不变),封闭环 A_0 随之减小,故 A_2 为减环。

尺寸链中的增减环还可直接在尺寸链图上判断。将尺寸链中各环用单箭头的尺寸线表示,箭头按一致的走向(逆时针或顺时针,图中采用了逆时针)确定。凡箭头指向同封闭环一致

的组成环为减环,相反的为增环。利用这种方法可避免复杂尺寸链分析的困难。

极值算法考虑各环的极限尺寸及各环尺寸之间的极限搭配的情况,不考虑这些极限情况存在概率的大小。

(1)基本尺寸 封闭环的基本尺寸等于各增环的基本尺寸之和减去各减环的基本尺寸之和:

$$A_0 = \sum_{i=1}^{m} \overrightarrow{A_i} - \sum_{j=m+1}^{n-1} \overleftarrow{A_j}, \tag{1-6}$$

式中 $\overrightarrow{A_i}$ 表示增环,$\overleftarrow{A_j}$ 表示减环,m 为增环的数目,$(n-1)$ 为组成环的数目。

(2)极限尺寸 封闭环的最大尺寸等于各增环的最大尺寸之和减去各减环的最小尺寸之和。封闭环的最小尺寸等于各增环的最小尺寸之和减去各减环的最大尺寸之和:

$$(A_0)_{max} = \sum_{i=1}^{m} (\overrightarrow{A_i})_{max} - \sum_{j=m+1}^{n-1} (\overleftarrow{A_j})_{min}, \tag{1-7}$$

$$(A_0)_{min} = \sum_{i=1}^{m} (\overrightarrow{A_i})_{min} - \sum_{j=m+1}^{n-1} (\overleftarrow{A_j})_{max}。 \tag{1-8}$$

(3)偏差与公差 根据基本尺寸和极限尺寸,可知各环之间的上下偏差与公差之间有如下关系:

封闭环上偏差 $$ES(A_0) = \sum_{i=1}^{m} ES(\overrightarrow{A_i}) - \sum_{j=m+1}^{n-1} EI(\overleftarrow{A_j}); \tag{1-9}$$

封闭环下偏差 $$EI(A_0) = \sum_{i=1}^{m} EI(\overrightarrow{A_i}) - \sum_{j=m+1}^{n-1} ES(\overleftarrow{A_j}); \tag{1-10}$$

封闭环的公差 $$T(A_0) = \sum_{i=1}^{m} T(\overrightarrow{A_i}) + \sum_{j=m+1}^{n-1} T(\overleftarrow{A_j}) = \sum_{k=1}^{n-1} T(A_k)。 \tag{1-11}$$

七、零件机械加工切削用量的确定

1. 切削用量的选择原则

切削用量包括主轴转速(切削速度)、背吃刀量、进给量。切削用量的大小对切削力、切削功率、刀具磨损、加工质量和加工成本均有显著影响。数控加工中选择切削用量时,就是在保证加工质量和刀具耐用度的前提下,充分发挥机床性能和刀具切削性能,使切削效率最高,加工成本最低。

自动换刀的数控机床往主轴或刀库上装刀所费时间较多,所以选择切削用量要保证刀具加工完成一个零件,或保证刀具耐用度不低于一个工作班,最少不低于半个工作班。易损刀具可采用姐妹刀形式,以保证加工的连续性。

粗、精加工时切削用量的选择原则如下。

(1)粗加工时切削用量的选择原则 首先,选取尽可能大的背吃刀量;其次,要根据机床动力和刚性的限制条件等,选取尽可能大的进给量;最后,根据刀具耐用度确定最佳的切削速度。

(2)精加工时切削用量的选择原则 首先,根据粗加工后的余量确定背吃刀量;其次,根

据已加工表面的粗糙度要求,选取较大的进给量;最后,在保证刀具耐用度的前提下,尽可能选取较高的切削速度。

2. 切削用量的选择方法

(1) 背吃刀量(a_p)的选择 背吃刀量的选择应根据加工余量确定。粗加工($Ra10\sim Ra80$)时,一次进给应尽可能切除全部余量。在中等功率机床上,背吃刀量为 $8\sim10$ mm。半精加工($Ra1.25\sim Ra10$)时,背吃刀量取 $0.5\sim2$ mm。精加工($Ra0.32\sim Ra1.25$)时,背吃刀量取 $0.2\sim0.4$ mm。在工艺系统刚性不足或毛坯余量很大,或余量不均匀时,粗加工要分几次进给,并且应当把第一、二次进给的背吃刀量尽量取得大一些。

(2) 进给量(进给速度 V_f)的选择 进给量(进给速度)是数控机床切削用量中的重要参数,根据零件的表面粗糙度、加工精度要求、刀具及工件材料等因素,参考切削用量手册选取。多齿刀具的进给速度 V_f、刀具转速 n、刀具齿数 Z 及每齿进给量 f 的关系为

$$V_f = fn = f_z Zn。$$

粗加工时,由于工件表面质量没有太高的要求,主要考虑机床进给机构的强度和刚性及刀杆的强度和刚性等限制因素,可根据加工材料、刀杆尺寸、工件直径及已确定的背吃刀量来选择进给量。

在半精加工和精加工时,则按表面粗糙度要求,根据工件材料、刀尖圆弧半径、切削速度来选择进给量。例如,精铣时可取 $20\sim25$ mm/min,精车时可取 $0.10\sim0.20$ mm/r。

最大进给量受机床刚度和进给系统的性能限制。在选择进给量时,还应注意零件加工中的某些特殊因素。比如在轮廓加工中,选择进给量时,就应考虑轮廓拐角处的超程问题。特别是在拐角较大、进给速度较高时,应在接近拐角处适当降低进给速度,在拐角后逐渐升速,以保证加工精度。

在加工过程中,由于切削力的作用,机床、工件、刀具系统产生变形,可能使刀具运动滞后,在拐角处可能产生欠程。因此,拐角处的欠程问题,在编程时应给予足够重视。此外,还应充分考虑切削的自然断屑问题,选择刀具几何形状,调整切削用量,使排屑处于最顺畅状态,严格避免长屑缠绕刀具而引起故障。

(3) 切削速度(V_c)的选择 根据已经选定的背吃刀量、进给量及刀具耐用度选择切削速度。可用经验公式计算,也可根据生产实践经验在机床说明书允许的切削速度范围内,查表选取或者参考有关切削用量手册选用。

切削速度 V_c 确定后,可计算出机床主轴转速 n(r/min),对有级变速的机床,须按机床说明书选择与所算转速接近的转速:

$$n = \frac{1\,000 V_c}{\pi D}, \tag{1-12}$$

式中,D(mm)为工件或刀具直径。

在选择切削速度时,还应考虑以下几点:

- 应尽量避开积屑瘤产生的区域。
- 断续切削时,为减小冲击和热应力,要适当降低切削速度。
- 在易发生振动的情况下,切削速度应避开自激振动的临界速度。

● 加工大件、细长件和薄壁工件时,应选用较低的切削速度。

● 加工带外皮的工件时,应适当降低切削速度。

当需要校验机床功率、计算夹紧力时,还需要确定切削力及切削功率的大小。常用确定切削力的方法有 3 种:由经验公式计算、由单位切削力计算、由手册上提供的诺模图(如 M-P-N 图)确定。

需要强调的是,虽然可以查阅切削用量手册或参考有关资料确定切削用量,但是就某一个具体零件而言,这种方法确定的切削用量未必就非常理想,有时需要试切,才能确定比较理想的切削用量。因此,需要在实践当中不断总结和完善。

八、工时定额的确定

工时定额是指在一定生产条件下,规定生产一件产品、完成一道工序所需消耗的时间。它是安排生产计划、计算生产成本的重要依据,还是新建或扩建工厂(或车间)时计算设备和工人数量的依据。一般通过测定实际操作时间与分析计算相结合的方法确定。使用中,时间定额还应定期修订,以使其保持平均先进水平。完成一个零件的一道工序的时间定额称为单件时间定额,包括下列几部分。

(1) 基本时间 T_b　直接切除工序余量所消耗的时间(包括切入和切出时间)可通过计算求出。如图 1-20 所示,外圆车削的基本时间为

$$T_b = (L + L_1 + L_2)u/nf, \tag{1-13}$$

式中,u 为进给次数;n 为转速;f 为进给量。

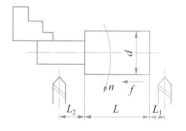

图 1-20　外圆车削

(2) 辅助时间 T_a　装卸工件、开停机床等各种辅助动作所消耗的时间。基本时间和辅助时间的总和称为作业时间 T_B,它是直接用于制造产品或零部件所消耗的时间。

(3) 布置工作地时间 T_s　为使加工正常进行,工人照管工作地(清理切屑、润滑机床、收拾工具等)所消耗的时间。一般按作业时间的 2%～7% 计算。

(4) 休息与生理需要时间 T_r　工人在工作班内为恢复体力和满足生理需要所消耗的时间。一般按作业时间的 2%～4% 计算。

上述时间的总和称为单件时间 T_p,即 $T_p = T_b + T_a + T_s + T_r = T_B + T_s + T_r$。

(5) 准备与终结时间 T_e　生产一批产品或零部件,准备和结束工作所消耗的时间。准备工作有熟悉工艺文件、领料、领取工艺装备、调整机床等。结束工作有拆卸和归还工艺装备、送交成品等。若批量为 N,分摊到每个零件上的时间则为 T_e/N。

单件时间定额 $T_c = T_p + T_e/N = T_b + T_a + T_s + T_r + T_e/N$。

大量生产时,$T_e/N \approx O$,可以忽略不计,此时单件时间定额为 $T_c = T_p = T_b + T_a + T_s + T_r$。

2.2　机械加工工艺文件的编制

一、机械加工工艺文件的选择

机械加工工艺文件的选择原则见表 1-10。

表 1－10　机械加工工艺文件的选择（GB/T 24738－2009）

产品生产类型		单件和小批量		中批生产		大批和大量生产	
序号	工艺文件名称	工艺文件适用范围					
		简单产品	复杂产品	简单产品	复杂产品	简单产品	复杂产品
1	机械加工工艺过程卡	△	△	△	△	△	△
2	典型零件工艺过程卡	＋	＋	＋	＋	＋	＋
3	标准零件工艺过程卡	△	△	△	△	△	△
4	机械加工工序卡	－	＋	＋	△	△	△
5	调整卡	－	－	△	△	△	△
6	数控加工程序卡	＋	＋	△	△	△	△
7	机械加工操作指导卡	＋	＋	＋	△	△	△
8	检验卡	＋	＋	△	△	△	△
9	工艺守则	○	○	○	○	○	○

注：－为不需要；△为必须具备；＋为酌情自定；○为可替代或补充的工艺卡（与生产类型无关）。

二、机械加工工艺常用定位、夹紧和装置符号

机械加工工艺定位、夹紧和装置符号（摘自 JB/T 5061－2006）的使用说明：

- 在专用工艺装备设计任务书中，一般用定位、夹紧符号标注；
- 在工艺规程中，一般使用装置符号标注；
- 在上述两种情况中，允许仅用一种符号标注或两种符号混合标注；
- 尽可能用最少的视图标全定位、夹紧或装置符号；
- 夹紧符号的标注方向应与夹紧力的实际方向一致；
- 当仅用符号表示不明确时，可用文字补充说明。

定位、夹紧符号见表 1－11；定位、夹紧元件及装置符号见表 1－12；定位、夹紧元件及装置符号综合标注示例见表 1－13；定位、夹紧符号标注示例见表 1－14。

表 1－11　定位、夹紧符号

分类 标注位置		独立		联动	
		标注在视图轮廓线上	标注在视图正面上	标注在视图轮廓线上	标注在视图正面上
主要定位点	固定式				
	活动式				

续 表

标注位置 / 分类	独立		联动	
	标注在视图轮廓线上	标注在视图正面上	标注在视图轮廓线上	标注在视图正面上
辅助定位点				
机械夹紧				
液压夹紧	Y	Y	Y	Y
气动夹紧	Q	Q	Q	Q
电磁夹紧	D	D	D	D

表 1 – 12　定位、夹紧元件及装置符号

序号	符号	名称	定位、夹紧元件及装置简图	序号	符号	名称	定位、夹紧元件及装置简图
1		固定顶尖		7		伞形顶尖	
2		内顶尖		8		圆柱心轴	
3		回转顶尖		9		锥度心轴	
4		内拨顶尖		10		螺纹心轴	
5		外拨顶尖		11		弹性心轴	（包括塑料心轴）
6		浮动顶尖				弹性夹头	

序号	符号	名称	定位、夹紧元件及装置简图	序号	符号	名称	定位、夹紧元件及装置简图
12		三爪自定心卡盘		20		垫铁	
13		四爪卡盘		21		压板	
14		中心架		22		角铁	
15		跟刀架		23		可调支承	
16		圆柱衬套		24		平口钳	
17		螺纹衬套		25		中心堵	
18		止口盘		26		V形铁	
19		拨杆		27		铁爪	

表 1 - 13　定位、夹紧元件及装置符号综合标注示例

序号	说明	定位、夹紧符号标注示意图	装置符号标注示意图	备注
1	床头固定顶尖、床尾固定顶尖定位,拨杆夹紧			
2	床头固定顶尖、床尾浮动顶尖定位,拨杆夹紧			
3	床头内拨顶尖、床尾回转顶尖定位夹紧(轴类零件)	回转		
4	床头外拨顶尖,床尾回转顶尖定位夹紧(轴类零件)	回转		
5	床头弹簧夹头定位夹紧,夹头内带有轴向定位,床尾内顶尖定位(轴类零件)			
6	弹簧夹头定位夹紧(套类零件)			
7	液压弹簧夹头定位夹紧,夹头内带有轴向定位(套类零件)	轴向定位	轴向定位	轴向定位由一个定位点控制

序号	说明	定位、夹紧符号标注示意图	装置符号标注示意图	备注
8	弹性心轴定位夹紧（套类零件）			
9	气动弹性心轴定位夹紧，带端面定位（套类零件）			端面定位由3个定位点控制
10	锥度心轴定位夹紧（套类零件）			
11	圆柱心轴定位夹紧，带端面定位（套类零件）		端面定位	
12	三爪自定心卡盘定位夹紧（短轴类零件）			
13	液压三爪卡盘定位夹紧，带端面定位（盘类零件）			
14	四爪单动卡盘定位夹紧，带轴向定位（短轴类零件）			
15	四爪单动卡盘定位夹紧，带端面定位（盘类零件）			

序号	说明	定位、夹紧符号标注示意图	装置符号标注示意图	备注
16	床头固定顶尖,床尾浮动顶尖,中部有跟刀架辅助支承定位,拨杆夹紧(细长轴类零件)			
17	床头三爪自定心卡盘定位夹紧,床尾中心架支承定位(长轴类零件)			
18	止口盘定位螺栓压板夹紧			
19	止口盘定位气动压板夹紧			
20	螺纹心轴定位夹紧(环类零件)			
21	圆柱衬套带有轴向定位,外用三爪自定心卡盘夹紧(轴类零件)			
22	螺纹衬套定位,外用三爪自定心卡盘夹紧			

序号	说明	定位、夹紧符号标注示意图	装置符号标注示意图	备注
23	平口钳定位夹紧			
24	电磁盘定位夹紧			
25	铁爪定位夹紧（薄壁类零件）		轴向定位	
26	床头伞形顶尖、床尾伞形顶尖定位，拨杆夹紧（筒类零件）			
27	床头中心堵，床尾中心堵定位，拨杆夹紧（筒类零件）			
28	角铁及可调支承定位，联动夹紧			
29	一端固定 V 形铁，工件平面垫铁定位，一端可调 V 形铁定位夹紧		可调	

表 1－14　定位、夹紧符号标注示例

序号	说明	定位、夹紧符号标注示意图	序号	说明	定位、夹紧符号标注示意图
1	装夹在 V 形铁上的轴类工件（铣键槽）	（三件同加工）	6	装夹在钻模上的支架（钻孔）	
2	装夹在铣齿机底座上的齿轮（齿形加工）		7	装夹在齿轮、齿条压紧钻模上的法兰盘（钻孔）	
3	用四爪单动卡盘找正夹紧或三爪自定心卡盘夹紧及回转顶尖定位的曲轴（车曲轴）	回转	8	装夹在夹具上的拉杆叉头（钻孔）	
4	装夹在一圆柱销和一菱形销夹具上的箱体（箱体镗孔）		9	装夹在专用曲轴夹具上的曲轴（铣曲轴侧面）	
5	装夹在三面定位夹具上的箱体（箱体镗孔）		10	装夹在联动定位装置上带双孔的工件（仅表示工件两孔定位）	

序号	说明	定位、夹紧符号标注示意图	序号	说明	定位、夹紧符号标注示意图
11	装夹在联动辅助定位装置上带不同高度平面的工件		14	装夹在液压杠杆夹紧夹具上的垫块（加工侧面）	
12	装夹在联动夹紧夹具上的垫块（加工端面）		15	装夹在气动铰链杠杆夹紧夹具上的圆盘（加工上平面）	
13	装夹在联动夹紧夹具上的多件短轴（加工端面）				

三、机械加工工艺过程卡的编制

参照 JB/T 9165.2—1998,机械加工工艺过程卡这种卡片主要列出了整个零件加工所经过的工艺路线(包括毛坯、机械加工和热处理等),它是制订其他工艺文件的基础,也是生产技术准备、编制作业计划和组织生产的依据。在单件小批量生产中,一般简单零件只编制机械加工工艺过程卡作为工艺指导文件,其格式见表 1-15,其填写要求见表 1-16。

表 1 - 15 机械加工工艺过程卡（JB/T 9165. 2—1998 格式 9）

| 机械加工工艺过程卡 | | 产品型号 | | 零件图号 | | | | | |
| | | 产品名称 | | 零件名称 | | | 共 页 | 第 页 | |

| 材料牌号 | (1) | 毛坯种类 | (2) | 毛坯外形尺寸 | (3) | 每毛坯可制件数 | (4) | 每台件数 | (5) | 备注 | (6) |
| 25 | 30 | 15 | 30 | 25 | 30 | 25 | 10 | 10 | 10 | | 20 |

工序号	工序名称	16	工序内容	车间	工段	设备	工艺装备	时间定额	
								准终	单件
(7)	(8)	8	(9)	(10)	(11)	(12)	(13)	(14)	(15)
8	10			8		20	75	10	10
		15×8=120							

描图

描校

底图号

装订线

| | | | | | 设计（日期） | 审核（日期） | 标准化（日期） | 会签（日期） |
| 标记 | 处数 | 更改文件号 | 签字 | 日期 | 标记 | 处数 | 更改文件号 | 签字 | 日期 |

四、机械加工工艺卡的编制

参照 JB/T 9165.2—1998,机械加工工艺卡是以工序为单位,详细说明整个工艺过程的工艺文件。它不仅标出工序顺序、工序内容,同时对主要工序还表示出工步内容、工位及必要的加工简图或加工说明。此外,还包括零件的工艺特性(材料、质量、加工表面及其精度和表面粗糙度要求等)、毛坯性质和生产纲领。在成批生产中广泛采用这种卡片,对单件小批量生产中的某些重要零件也要制订工艺卡片。参考格式见表 1-16,内容介于机械加工工艺过程卡片和机械加工工序卡片之间。填写方法与机械加工工艺过程卡和工序卡相关内容类似。

表 1-16　机械加工工艺过程卡的填写

空格号	填 写 内 容
(1)	材料牌号,按产品图样要求填写
(2)	毛坯种类,填写铸件、锻件、条钢、板钢等
(3)	进入加工前的毛坯外形尺寸
(4)	每毛坯可制零件数
(5)	每台件数,按产品图样要求填写
(6)	备注,可根据需要填写
(7)	工序号
(8)	各工序名称
(9)	各工序和工步、加工内容和主要技术要求,工序中的外协工序也要填写,但只写工序名称和主要技术要求,如热处理的硬度和变形要求、电镀层的厚度等,产品图样标有配作、配钻时,或根据工艺需要装配时配作、配钻时,应在配作前的最后工序另起一行注明,如"××孔与××件装配时配钻""××部位与××件装配后加工"等
(10)(11)	分别填写加工车间和工段的代号或简称
(12)	填写设备的型号或名称,必要时填写设备编号
(13)	专用的工装填编号,标准的填规格、精度、名称
(14)(15)	分别填写准备与终结时间和单位时间定额

五、机械加工工序卡的编制

参照 JB/T 9165.2—1998,工序卡片是在工艺卡片的基础上分别为每一个工序制订的,是用来具体指导工人进行操作的一种工艺文件。工序卡片详细记载了该工序加工所必需的工艺资料,如定位基准、安装方法、所用机床和工艺装备、工序尺寸及公差、切削用量及工时定额等。在大批量生产中广泛采用这种卡片。在中、小批量生产中,对个别重要工序有时也编制工序卡片。机械加工工序卡格式见表 1-17,填写方法见表 1-18。

表 1-17 机械加工工序卡（JB/T 9165.2—1998 格式 10）

机械加工工序卡片		产品型号		零件图号			
		产品名称		零件名称		共 页	第 页

(工序简图) 11×8=88	车间	工序号	工序名称	材料牌号
	(1) 25	(2) 15	(3) 25	(4) 30
	毛坯种类	毛坯外形尺寸	每毛坯可制件数	每台件数
	(5)	(6) 30	(7) 20	(8) 20
	设备名称	设备型号	设备编号	同时加工件数
	(9)	(10)	(11)	(12)
	夹具编号		夹具名称	切削液
	(13)		(14)	(15)
	工位器具编号		工位器具名称	工序时间 机动 辅助
	(16) 35		(17) 25	(18) (19)

工步号	工步内容	工艺设备	主轴转速 /(r/min)	切削速度 /(m/min)	进给量 /(mm/min)	背吃刀量 /mm	进给次数	工步时间 机动	辅助
(20)	(21)	(22)	(23)	(24)	(25)	(26)	(27)	(28)	(29)

描图 90 7×10=(70)

描校 9×8=(72) 10

底图号

装订线

				设计（日期）	审核（日期）	标准化（日期）	会签（日期）

标记 处数 更改文件号 签字 日期 标记 处数 更改文件号 签字日期

表 1 – 18　机械加工工序卡填写

空格号	填　写　内　容
（1）	执行该工序的车间名称或代号
（2）～（8）	按表 1 – 15 中的相应项目填写
（9）～（11）	填写设备的型号或名称，必要时填写设备编号
（12）	在机床上同时加工的件数
（13）、（14）	该工序需使用的各种夹具名称和编号
（15）	该工序需使用的各种工位器具的名称和编号
（16）、（17）	机床所用切削液的名称和牌号
（18）、（19）	工序工时的准终、单件时间
（20）	工步号
（21）	各工步的名称、加工内容和主要技术要求
（22）	各工步所需用的辅具、刀具、量具，专用的填编号，标准的填规格、精度、名称
（23～27）	切削规范，一般工序可不填，重要工序可根据需要填写
（28）、（29）	分别填写本工序机动时间和辅助时间定额

案例二　拨叉零件的机械加工工艺文件编制

图 1 – 21 所示为车床拨叉，生产类型为小批量生产，试根据零件图给出的相关信息，在使用通用设备加工的条件下，编制该零件的机械加工工艺过程卡。

任务分析

（1）分析零件工艺结构性　CA6140 型卧式车床的拨叉位于车床变速机构中，主要起换挡作用，使主轴获得所需的速度和转矩。两件零件铸为一体，加工时分开。

该拨叉零件共有两处加工表面，其间有一定的位置精度要求。

① 以 $\phi14$ mm 为中心的加工表面，这一组加工表面包括 $\phi14$ mm 的孔以及上下两个端面，上端面与孔有位置精度要求。

② 以 $\phi40$ mm 为中心的加工表面，这一组加工表面包括 $\phi40$ mm 的孔以及上下两个端面。这两组表面有一定的位置精度要求，即 $\phi40$ mm 的孔上下两个端面与 $\phi14$ mm 的孔有垂直度要求。由上面分析可知，加工时应先加工这组表面，再以这组加工后的表面为基准加工另外一组表面。

（2）毛坯选择　零件材料为 ZG310 – 570。考虑零件在机床运行过程中所受冲击不大，零件结构又比较简单，故选择铸件毛坯，也可采用 HT200。

任务实施

（1）基面的选择　基面选择是加工工艺设计中的重要工作之一。基面选择得正确与合理可以使加工质量得到保证，生产率得以提高。否则，加工工艺过程中会问题百出，甚至还会造成零件的大批报废，生产无法正常进行。

① 对于零件，尽可能选择非加工表面为粗基准。对有若干个非加工表面的工件，应以与

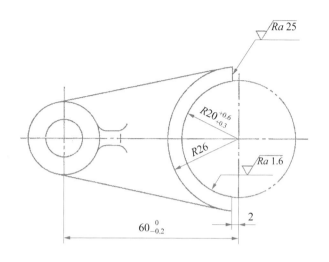

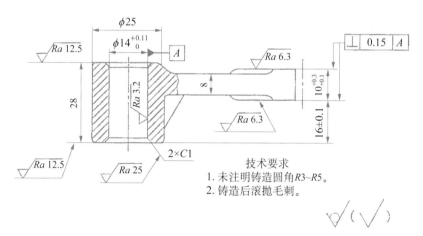

技术要求
1. 未注明铸造圆角 $R3\sim R5$。
2. 铸造后滚抛毛刺。

图 1-21　车床拨叉

加工表面要求相对位置精度较高的非加工表面作粗基准。根据这个基准选择原则，以外形及下端面作为粗基准。

　　② 选择精基准时主要应该考虑基准重合的问题。当设计基准与工序基准不重合时，应该换算尺寸。

　　(2) 制订工艺路线　制订工艺路线的出发点，应当是使零件的几何精度、尺寸精度及技术要求能得到合理的保证。在生产纲领已确定的情况下，可以考虑采用万能机床配以专用工具、夹具，并尽量使工序集中来提高生产率。除此之外，还应当考虑经济效果，以便使生产成本尽量下降。

　　(3) 确定加工设备、工装、量具和刀具或辅助工具

　　机床：CA6140、X6132、Z5132A。

　　刀具：W18Cr4V 硬质合金钢面铣刀，硬质合金锥柄机用铰刀，高速钢麻花钻钻头。

　　量具：千分尺，游标卡尺。

　　(4) 确定拨叉的机械加工工艺过程　具体见表 1-19。

表 1-19 拨叉的机械加工工艺过程

（单位名称）	机械加工工艺过程卡				产品型号		零(部)件图号			
					产品名称	CA6140车床	零(部)件名称	拨叉	共1页	第1页

材料牌号	ZG310-570	毛坯种类	铸件毛坯	毛坯外形尺寸		每毛坯可制件数	2	每台件数	1	备注

工序号	工序名称	工序内容				车间	工段	设备	工艺装备	工时 准终	工时 单件
5	铸	精密铸造，两件合铸(工艺需要)				铸造车间					
10	热处理	退火				热处理车间					
15	划线	划各端面线及3个孔的线									
20	车	以外形及下端面定位，按线找正，单动卡盘(或专用工装)装夹工件。车 $R20_{-0.3}^{+0.6}$ mm($\phi40$ mm)孔至图样尺寸，并车孔的两侧面，保证尺寸 $10_{-0.1}^{+0.3}$ mm				金工车间		CA6140	专用工装		
25	铣	以尺寸 $R20_{-0.3}^{+0.6}$ mm 内孔及上端面定位，装夹工件，铣 $\phi25$ mm 下端面，保证尺寸(16±0.1)mm				金工车间		X5030A	组合夹具		
30	铣	以尺寸 $R20_{-0.3}^{+0.6}$ mm 内孔及下端面定位，装夹工件，铣 $\phi25$ mm 另一端端面，保证尺寸 28 mm.				金工车间		X5030A	组合夹具		
35	钻	以尺寸 $R20_{-0.3}^{+0.6}$ mm 内孔及上端面定位，装夹工件，钻、扩、铰 $\phi14_{0}^{+0.11}$ mm 孔，孔口倒角 C1				金工车间		Z5132A	组合夹具		
40	划线	划 $R20_{-0.3}^{+0.6}$ 孔中心线及切开线				金工车间					
45	铣	以尺寸 $R20_{-0.3}^{+0.6}$ mm 内孔及上端面定位，装夹工件，切工件成单件，切口 2 mm				金工车间		X6132	组合夹具		
50	铣	以尺寸 $R20_{-0.3}^{+0.6}$ mm 内孔及上端面定位，$\phi14_{0}^{+0.11}$ mm 定向，装夹工件，精铣 $R20_{-0.3}^{+0.6}$ mm 端面，距中心偏移 2 mm				金工车间		X6132	组合夹具		
55	钻	以 $\phi14_{0}^{+0.11}$ mm 内孔下端面定位，另一端孔口倒角 C1				金工车间		Z5132A	组合夹具		
60	检验	按图样要求检查各部尺寸及精度									
65	入库	入库									
								设计日期	审核日期	标准日期	会签日期
标记	处数	更改文件号	签字	日期	标记	处数	更改文件号	签字	日期		

任 务 小 结

（1）零件机械加工工艺分析；零件毛坯分析；零件机械加工定位基准的选择；零件机械加工工艺路线的拟定；零件机械加工工序余量的确定；零件机械加工工序尺寸公差的确定；零件机械加工切削用量的确定等机械加工工艺理论。

（2）机械加工工艺文件的选择；机械加工工艺常用定位、夹紧和装置符号使用及标注；机械加工工艺过程卡的编制；机械加工工艺卡的编制；机械加工工序卡的编制。

任 务 思 考

（1）零件机械加工工艺分析有哪些内容？

（2）零件毛坯的种类有哪些？

（3）零件机械加工定位基准有几种？选择原则有哪些？

（4）零件机械加工工艺路线的拟定概念及制订原则是什么？

（5）零件机械加工工序余量组成有哪些？

（6）零件机械加工工序尺寸公差的确定有几种情况？

（7）零件机械加工切削用量有哪些项目？如何确定？

（8）零件机械加工切削用量与零件的加工质量有何关系？

（9）试编写图 1-22 和图 1-23 中零件的机械加工工艺过程卡。

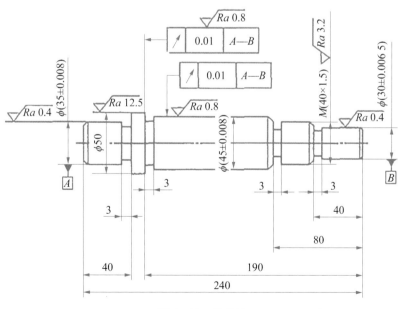

图 1-22 传动轴

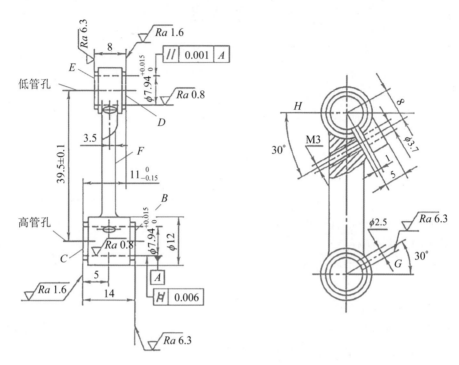

图 1－23　小连杆

第二篇

数控加工工艺

 任务导航 数控加工工艺是在传统机械加工工艺基础上发展起来的机械加工工艺,数控加工工艺相对于传统机械加工工艺,既有继承,又有发展。本篇主要介绍数控加工工艺从业人员必须掌握的数控加工基本概念、数控加工工艺基础理论,以及数控加工工艺设计的基本技能。主要内容有:数控加工的基本概念、数控加工原理及数控加工工艺的特点,数控加工工艺文件的编制,加工中心的工艺特点,成组工艺、装配工艺、机械加工工艺分析与工艺管理基础知识。

任务 3 数控加工工艺员

3.1 数控加工基本知识

一、数控加工的概念

数控加工就是根据零件图样及工艺要求等原始条件,编制零件数控加工程序,输入到数控机床的数控系统,CNC 及 PLC 控制数控机床的刀具与工件做相对运动,从而完成零件的加工。

1. 数控技术与设备

数控机床主要由以下几部分组成。

(1) **数控系统** 计算机数控系统(CNC)由程序、输入输出设备、CNC 装置、可编程控制器(PLC)、主轴驱动装置和进给驱动装置等组成。数控系统接受按零件加工顺序记载机床加工所需的各种信息,并将加工零件图上的几何信息和工艺信息数字化,同时进行相应的运算、处理,然后发出控制命令,使刀具实现相对运动,完成零件加工过程。数控机床配置的数控系统不同,其功能和性能也有很大差异。就目前应用来看,FANUC(日本,图 2-1)、SIEMENS(德国,图 2-2)、FAGOR(西班牙)、HEIDENHAIN(德国)、MITSUBISHI(日本)等公司的数控系统及相关产品,在数控机床行业占据主导地位。我国数控产品以华中数控、航天数控为代表,也已将高性能数控系统产业化。常见数控系统见表 2-1。

表 2-1　常用数控系统的特点

类别	型号	特点及应用
FANUC（图 2-1）	Power Mate 0 系列	具有高可靠性，用于控制两轴的小型数控车床，取代步进电机的伺服系统；可配画面清晰、操作方便、中文显示的 CRT/MDI，也可配性价比高的 DPL/MDI
	0D 系列	普及型 CNC，其中 0TD 用于数控车床，0MD 用于数控铣床及小型加工中心，0GCD 用于数控圆柱磨床，0GSD 用于数控平面磨床，0PD 用于数控冲床
	0C 系列	全功能型 CNC，其中 0TC 用于通用车床、自动车床，0TTC 用于双刀架四轴数控车床，0MC 用于数控铣床和加工中心，0GGC 用于内、外圆磨床
	0i 系列	高性价比，整体软件功能包，高速、高精加工，并具有网络功能
	16i/18i/21i 系列	超小型、超薄型，具有网络功能，控制单元与 LCD 集成于一体，超高速串行数据通信
	160i/180i/210i-B	与 Windows 2000/XP 对应的高性能开放式 CNC
SIEMENS（图 2-2）	SINUMERIK 802S/C	用于车床、铣床等，可控制 3 个进给轴和一个主轴，802S 适用于步进电动机驱动，802C 适用于伺服电动机驱动，具有数字 I/O 接口
	SINUMERIK 802D	控制 4 个数字进给轴和一个主轴，PLCI/0 模块，具有图形式循环编程，车削、铣削/钻削工艺循环，FRAME（包括移动、旋转和缩放）等功能，为复杂加工任务提供智能控制
	SINUMERIK 810D	用于数字闭环驱动控制，最多可控 6 轴（包括一个主轴和一个辅助主轴），紧凑型可编程输入/输出
	SINUMERIK 840D	全数字模块化数控设计，用于复杂机床、模块化旋转加工机床和传送机，最大可控 31 个坐标轴

图 2-1　FANUC 数控系统

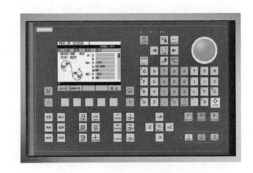

图 2-2　SIEMENS 数控系统

（2）伺服单元、驱动装置和测量装置　伺服单元和驱动装置包括主轴伺服驱动装置、主轴电动机、进给伺服驱动装置及进给电动机。测量装置是指位置和速度测量装置，它是实现主轴、进给速度闭环控制和进给位置闭环控制的必要装置。主轴伺服系统的主要作用是实现零件加工的切削主运动，其控制量为速度。进给伺服系统的主要作用是实现零件加工的进给运动（成形运动），其控制量为速度和位置，特点是能灵敏、准确地实现 CNC 装置的位置和速度指令。

（3）控制面板　控制面板是操作人员与数控机床实现信息交互的工具。操作人员通过它操作数控机床（系统）、编程、调试，或设定和修改机床参数，也可以通过它了解或查询数控机床的运行状态。

（4）控制介质和输入、输出设备　控制介质是记录零件加工程序的媒介，是人与机床建立联系的介质。程序输入、输出设备是 CNC 系统与外部设备信息交互的装置，其作用是将记录在控制介质上的零件加工程序输入 CNC 系统，或将已调试好的零件加工程序通过输出设备存放或记录在相应的介质上。

（5）PLC、机床 I/O 电路和装置　PLC 是用于与逻辑运算、顺序动作有关的 I/O 控制，由硬件和软件组成。机床 I/O 电路和装置用于实现 I/O 控制的执行部件，是由继电器、电磁阀、行程开关、接触器等组成的逻辑电路。

（6）机床本体　数控机床的本体是指其机械结构实体，是实现加工零件的执行部件。它主要由主运动部件（主轴、主运动传动机构）、进给运动部件（工作台、溜板及相应的传动机构）、支承件（立柱、床身、导轨等），以及特殊装置、自动工件交换（APC）系统、自动刀具交换（ATC）系统和辅助装置（如冷却、润滑、排屑、转位和夹紧装置等）组成。机床部分机械部件如图 2-3～图 2-8 所示。

图 2-3　电主轴

图 2-4　加转工作台

图 2-5　床身

图 2-6　APC 装置

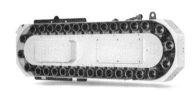
图 2-7　刀库

图 2-8　排屑装置

2. 数控机床的主要类型

数控机床通常按以下几个方面分类:

(1) 按加工方式和工艺用途分类 按加工方式不同,可分为数控车床、数控铣床、数控钻床、数控镗床、数控磨床等。

有些数控机床具有两种以上切削功能,例如以车削为主兼顾铣、钻削的车削中心;具有铣、镗、钻削功能,带刀库和自动换刀装置的镗铣加工中心(简称加工中心)。另外,还有数控电火花线切割机床、数控电火花成形机床、数控激光加工机床、数控等离子弧切割机、数控火焰切割机、数控板材成形机床、数控冲床、数控剪床、数控液压机等各种功能的数控加工机床。

(2) 按加工路线分类 数控机床按其刀具与工件相对运动的方式,可以分为点位控制数控机床、直线控制数控机床和轮廓控制数控机床。

① 点位控制。点位控制就是刀具与工件相对运动时,只控制从一点运动到另一点的准确性,而不考虑两点之间的运动路径和方向,如图 2-9(a)所示。这种控制方式多应用于数控钻床、数控冲床、数控坐标镗床和数控点焊机等数控机床。

② 直线控制。直线控制就是刀具与工件相对运动时,除控制从起点到终点的准确定位外,还要保证平行坐标轴的直线切削运动,如图 2-9(b)所示。由于只作平行坐标轴的直线进给运动,因此不能加工复杂的工件轮廓。这种控制方式用于简易数控车床、数控铣床、数控磨床。

③ 轮廓控制。轮廓控制就是刀具与工件相对运动时,能同时控制两个或两个以上坐标轴的运动,因此可以加工平面曲线轮廓或空间曲面轮廓,如图 2-9(c)所示。采用这类控制方式的数控机床有数控车床、数控铣床、数控磨床、加工中心等。

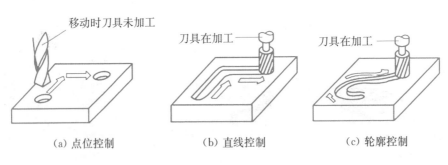

图 2-9 数控机床分类

(3) 按可控制联动的坐标轴分类 数控机床可控制联动的坐标轴是指数控装置控制几个伺服电动机,同时驱动机床移动部件运动的坐标轴数目。

① 两坐标联动。数控机床能同时控制两个坐标轴联动,如图 2-10 所示,如数控装置同时控制 x 和 z 方向运动,可用于加工各种曲线轮廓的回转体类零件。

② 三坐标联动。数控机床能同时控制 3 个坐标轴联动,如图 2-11 所示,可用于加工曲面零件,如图 2-12(b)所示。

③ 两坐标联动。数控机床本身有 3 个坐标轴能做 3 个方向的运动,但控制装置只能同时控制两个坐标,而第三个坐标只能等距周期移动,可加工空间曲面,如图 2-12(c)所示。

图 2 - 10　*x*、*z* 二轴控制卧式车床　　　图 2 - 11　立式升降台铣床

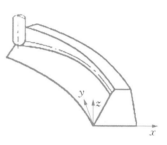

（a）零件沟槽面加工　　　　（b）三坐标联动曲面加工

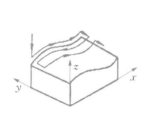

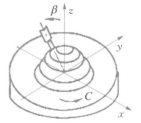

（c）两坐标联动加工曲面　　　（d）五轴联动

图 2 - 12　空间平面和曲面的数控加工

④ 多坐标联动。数控机床能同时控制 4 个以上坐标轴联动，如图 2 - 13 所示的 *x*、*y*、*z*、*B*、*C* 轴控制车削中心。多坐标数控机床的结构复杂、精度要求高、程序编制复杂，主要应用于加工形状复杂的零件，如曲面形状。

图 2 - 13　*x*、*y*、*z*、*B*、*C* 轴控制车削中心

（4）按数控装置的类型分类　按数控装置的类型可分为硬件数控、计算机数控。

（5）按伺服系统有无检测装置分类　按伺服系统有无检测装置可分为开环控制和闭环控制数控机床。根据检测装置安装的位置不同，闭环控制数控机床又可分为闭环控制数控机床和半闭环控制数控机床两种。

（6）按数控系统的功能水平分类　数控系统一般分为高档型、普及型和经济型 3 个档次。其参考评价指标包括 CPU 性能、分辨率、进给速度、联动轴数、伺服水平、通信功能和人机对话界面等。

① 高档型数控系统。采用 32 位或更高性能的 CPU,联动轴数在五轴以上,分辨率≤0.1 μm,进给速度≥24 m/min(分辨率为 1 μm 时)或≥10 m/min(分辨率为 0.1 μm 时),采用数字化交流伺服驱动器,具有 MAP 高性能通信接口,具备联网功能,有三维动态图形显示功能。

② 普及型数控系统。采用 16 位或更高性能的 CPU,联动轴数在五轴以下,分辨率在 1 μm 以内,进给速度≤24 m/min,可采用交、直流伺服驱动,具有 RS232 或 DNC 通信接口,有 CRT 字符显示和平面线性图形显示功能。

③ 经济型数控系统。该档次的数控系统采用 8 位 CPU 或单片机控制,联动轴数在三轴以下,分辨率为 0.01 mm,进给速度在 6～8 m/min,采用步进电动机驱动,具有简单的 RS232 通信接口,用数码管或简单的 CRT 字符显示器。

3. 数控加工与工艺技术的新发展

装备工业的技术水平和现代化程度,决定着整个国民经济的水平和现代化程度。数控技术及装备是发展新兴高新技术产业和尖端工业的使能技术和最基本的装备,如信息技术及其产业、生物技术及其产业,航空、航天等国防工业产业。当今世界各国制造业广泛采用数控技术,以提高制造能力和水平,提高对动态多变市场的适应能力和竞争能力。世界上各工业发达国家还将数控技术及数控装备列为国家的战略物资,纷纷采取重大措施来发展自己的数控技术及其产业。总之,大力发展以数控技术为核心的先进制造技术,已成为世界各发达国家加速经济发展、提高综合国力和国家地位的重要途径。

数控技术是用数字信息控制机械运动和工作过程的技术。数控装备是以数控技术为代表的新技术,对传统制造产业和新兴制造业渗透形成的机电一体化产品,即所谓的数字化装备。其技术范围覆盖很多领域,例如机械制造技术,信息处理、加工、传输技术,自动控制技术,伺服驱动技术,传感器技术,软件技术等。

数控技术的应用不但给传统制造业带来了革命性的变化,使制造业成为工业化的象征,而且随着数控技术的不断发展和应用领域的扩大,它对国计民生的一些重要行业(IT、汽车、轻工、医疗等)的发展起着越来越重要的作用,因为这些行业所需装备的数字化已是现代发展的大趋势。从目前世界上数控技术及其装备发展的趋势来看,其主要研究热点有以下几个方面。

(1)高速、高精加工技术及装备的新趋势 效率、质量是先进制造技术的主体。高速、高精加工技术可极大地提高效率,提高产品的质量和档次,缩短生产周期和提高市场竞争能力。为此,日本先端技术研究会将其列为五大现代制造技术之一,国际生产工程学会(CIRP)将其确定为 21 世纪的中心研究方向之一。

在轿车工业领域,年产 30 万辆的生产节拍是每辆 40 s,而且多品种加工是轿车装备必须解决的重点问题之一。在航空和宇航工业领域,加工的零部件多为薄壁和薄肋,刚度很差,材料为铝或铝合金,只有在高切削速度和切削力很小的情况下,才能加工。近来,已采用大型整体铝合金坯料掏空的方法来制造机翼、机身等大型零件,替代多个零件通过众多的铆钉、螺钉和其他联结方式拼装,使构件的强度、刚度和可靠性得到提高。这些都对加工装备提出了高速、高精和高柔性的要求。

目前,高速加工中心进给速度可达 80 m/min,甚至更高,空运行速度可达 100 m/min。世界上许多汽车厂,包括我国的上海通用汽车公司,已经采用以高速加工中心组成的生产线部分替代组合机床。美国 CINCINNATI 公司的 HyperMach 机床进给速度最大达 60 m/min,快速为 100 m/min,加速度达 2g,主轴转速已达 60 000 r/min。加工一薄壁飞机零件,只用30 min。而同样的零件在一般高速铣床加工需 3 h,在普通铣床加工需 8 h。德国 DMG 公司的双主轴车床,其轴速度及加速度分别达 12 000 r/mm 和 1g。

在加工精度方面,近 10 年来,普通级数控机床的加工精度已由 10 μm 提高到 5 μm,精密级加工中心则从 3μm 提高到 1~1.5 μm,并且超精密加工精度已开始进入纳米级(0.01 μm)。

在可靠性方面,国外数控装置的平均故障间隔时间(MTBF)值已达 6 000 h 以上,伺服系统的 MTBF 值达到 30 000 h 以上,表现出非常高的可靠性。

为了实现高速、高精加工,与之配套的功能部件,如电主轴、直线电动机得到了快速的发展,应用领域进一步扩大。

(2) 五轴联动加工和复合加工机床快速发展 采用五轴联动加工三维曲面零件,可用刀具最佳几何形状切削,不仅表面粗糙度高,而且效率也大幅度提高。一般认为,1 台五轴联动机床的效率可以等于 2 台三轴联动机床,特别是使用立方氮化硼等超硬材料铣刀高速铣削淬硬钢零件时,五轴联动加工可比三轴联动加工达到更高的效益。但过去因五轴联动数控系统、主机结构复杂等原因,其价格要比三轴联动数控机床高出数倍,加之编程技术难度较大,制约了五轴联动机床的发展。

当前,由于电主轴的出现,使得五轴联动加工的复合主轴头结构大为简化,其制造难度和成本大幅度降低,数控系统的价格差距缩小。因此,促进了复合主轴头类型五轴联动机床和复合加工机床(含五面加工机床)的发展。例如,新日本工机的五面加工机床采用复合主轴头,可实现 4 个垂直平面的加工和任意角度的加工,五面加工和五轴加工可在同一台机床上实现,还可实现倾斜面和倒锥孔的加工;德国 DMG 公司展出的 DMU Voution 系列加工中心,可在一次装夹下实现五面加工和五轴联动加工,可由 CNC 系统控制或 CAD/CAM 直接或间接控制。

(3) 智能化、开放式、网络化成为当代数控系统发展的主要趋势 21 世纪的数控装备将是具有一定智能化的系统,智能化包括在数控系统中的各个方面:为追求加工效率和加工质量方面的智能化,如加工过程的自适应控制、工艺参数自动生成;为提高驱动性能及使用连接方便的智能化,如前馈控制、电动机参数的自适应运算、自动识别负载自动选定模型、自整定等;简化编程、简化操作方面的智能化,如智能化的自动编程、智能化的人机界面等;还有智能诊断、智能监控方面的内容,方便系统的诊断及维修等。

为解决传统的数控系统封闭性和数控应用软件的产业化生产存在的问题,目前许多国家开发了开放式数控系统,如美国的 NGC(The Next GeneRation Work-Station/Machine Control)、欧洲的 OSACA(Open System Architecture for Control within Automation Systems)、日本的 OSEC(Open System Environment for Controller)、中国的 ONC(Open Numerical Control System)等。数控系统开放化已经成为数控系统的未来之路。所谓开放式数控系统,就是数控系统的开发可以在统一的运行平台上,面向机床厂家和最终用户,通过改变、增加或剪裁结构对象(数控功能),形成系列化,并可方便地将用户的特殊应用和技术诀窍集成到控制系统中,快速实现不同品种、不同档次的开放式数控系统,形成具有鲜明个性的名牌产品。目前,开放式数控系统的体系结构规范、通信规范、配置规范、运行平台、数控系统功能库,以及数控系统功能软件开发工具等是当前研究的核心。

网络化数控装备是近几年的一个新亮点。数控装备的网络化将极大地满足生产线、制造系统、制造企业对信息集成的需求,也是实现新的制造模式,如敏捷制造、虚拟企业、全球制造的基础单元。国内外一些著名数控机床和数控系统制造公司,都推出了相关的新概念和样机。例如,在 EM02001 展中日本山崎马扎克(Mazak)公司展出的 Cyber Production Center(智能生产控制中心,CPC),日本大隈(Okuma)机床公司展出 IT Plaza(信息技术广场,IT 广场),德国西门子(Siemens)公司展出的 Open Manufacturing Environment(开放制造环境,OME)等,反映了数控机床加工向网络化方向发展的趋势。

(4) 重视新技术标准、规范的建立　如前所述,开放式数控系统有更好的通用性、柔性、适应性、扩展性,美国、欧洲和日本等国纷纷实施战略发展计划,并研究和制订了开放式体系结构数控系统规范(OMAC、OSACA、OSEC)。世界 3 个最大的经济体在短期内制订了几乎相同的科学计划和规范,预示了数控技术的一个新的变革时期的来临。我国也在 2000 年开始研究和制订中国的 ONC 数控系统的规范框架。

数控标准是制造业信息化发展的一种趋势。数控技术诞生后的 50 年间的信息交换都是基于 ISO6983 标准,即采用 G、M 代码描述如何加工,其本质特征是面向加工过程。显然,它已越来越不能满足现代数控技术高速发展的需要。为此,国际上正在研究和制订一种新的CNC 系统标准 ISO14649(STEP-NC),其目的是提供一种不依赖于具体系统的中性机制,能够描述产品整个生命周期内的统一数据模型,从而实现整个制造过程,乃至各个工业领域产品信息的标准化。

STEP-NC 的出现可能是数控技术领域的一次革命,对于数控技术的发展乃至整个制造业,将产生深远的影响。首先,STEP-NC 提出一种崭新的制造理念。在传统的制造理念中,NC 加工程序都集中在单个计算机上。而在新标准下,NC 程序可以分散在互联网上,这正是数控技术开放式、网络化发展的方向。其次,STEP-NC 数控系统还可大大减少加工图样(约75%)、加工程序编制时间(约 35%)和加工时间(约 50%)。

二、数控加工过程

1. 数控加工过程

利用数控机床完成零件数控加工的过程如图 2-14 所示。

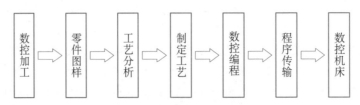

图 2-14　数控加工的过程

① 根据零件加工图样分析工艺,确定加工方案、工艺参数和位移数据。

② 用规定的程序代码格式编写零件加工程序单,或用自动编程软件编程,直接生成零件的数控加工程序文件。

③ 程序的输入或传输。手工编程时,可以通过数控机床的操作面板输入程序;由编程软件生成的程序,可通过计算机的串行通信接口直接传输到数控机床的数控单元(MCU)的存储

单元。

④ 试运行、模拟刀具路径,调试程序。

⑤ 正确操作机床,运行程序,完成零件的加工。

2. 数据转换

CNC 系统的数据转换过程如图 2－15 所示。

图 2－15　CNC 系统的工作过程

（1）译码　译码程序的主要功能是将文本格式表达的零件加工程序,以程序段为单位转换成刀具移动处理所要求的数据格式,把其中的各种零件轮廓信息(如起点、终点、直线或圆弧等)、加工速度信息(F 代码)和其他辅助信息(M、S、T 代码等),按照一定的语法规则解释成计算机能够识别的数据形式,并以一定的数据格式存放在指定的内存专用单元。在译码过程中,还要检查程序段的语法,若发现语法错误,数控系统便立即报警。

（2）刀补处理　刀具补偿包括刀具长度补偿和刀具半径补偿。通常,输入 CNC 装置的零件加工程序以零件实际轮廓轨迹编程,刀具补偿作用是把零件实际轮廓轨迹转换成刀具中心轨迹(刀具的 B 功能补偿)。目前性能比较好的 CNC 装置,刀具补偿的工作还包括程序段之间的自动转接和过切削判别,这就是刀具的 C 功能补偿。

（3）插补计算　插补的任务是在一条给定起点和终点的曲线上密化数据点。插补程序在每个插补周期运行一次,在每个插补周期内,根据指令进给速度计算出一个微小的直线数据段。通常,经过若干次插补周期后,插补加工完一个程序段轨迹,即完成从程序段起点到终点的数据点密化工作。图 2－16 所示为插补示例。

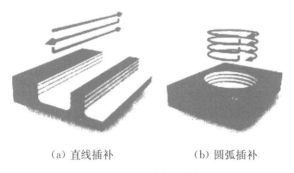

（a）直线插补　　　　　（b）圆弧插补

图 2－16　插补示例

（4）PLC 控制　CNC 系统对机床的控制,分为对各坐标轴的速度和位置的轨迹控制,对机床动作的顺序控制或逻辑控制。PLC 控制器可以在数控机床运行过程中,以 CNC 内部和机床各行程开关、传感器、按钮、继电器等开关信号状态为条件,并按预先规定的逻辑关系控制诸如主轴的起停、换向,刀具的更换,工件的夹紧、松开,液压、冷却、润滑系统的运行等。

数控加工原理就是将预先编好的数控加工程序以数据的形式输入数控系统,数控系统通过译码、刀补处理、插补计算等数据处理和 PLC 协调控制,最终实现零件的加工。

三、数控加工工艺

1. 数控加工工艺过程

数控加工工艺是指采用数控机床加工零件时,所运用各种方法和技术手段的总和,应用于整个数控加工工艺过程。数控加工工艺是伴随着数控机床的产生、发展而逐步完善起来的一种应用技术,它是大量数控加工实践的经验总结。数控加工工艺过程是利用切削刀具在数控机床上直接改变加工对象的形状、尺寸、表面位置、表面状态等,将其制成成品或半成品的过程。

数控加工过程是在一个由数控机床、刀具、夹具和工件构成的数控加工工艺系统中完成的。数控机床是零件加工的工作机械,刀具直接切削零件,夹具用来固定被加工零件并使之处于正确的位置,加工程序控制刀具与工件之间的相对运动轨迹。工艺设计的好坏直接影响数控加工的尺寸精度和表面精度、加工时间的长短、材料和人工的耗费,甚至直接影响加工的安全性,所以,掌握数控加工工艺的内容和数控加工工艺的方法非常重要。

2. 数控加工工艺与传统机械加工工艺的关系

数控加工采用计算机控制系统的数控机床,与普通加工相比具有加工自动化程度高、精度高、质量稳定、生产效率高、周期短、设备使用费用高等特点。数控加工工艺与普通加工工艺也有一定的差异。

(1) 数控加工工艺内容要求更加具体、详细

① 传统机械加工工艺:许多具体工艺问题,如工步的划分与安排、刀具的几何形状与尺寸、走刀路线、加工余量、切削用量等,在很大程度上由操作人员根据实际经验和习惯自行考虑和决定,一般无需工艺人员在设计工艺规程时过多地规定,零件的尺寸精度由试切保证。

② 数控加工工艺:所有工艺问题必须事先设计和安排好,并编入加工程序中。数控工艺不仅包括详细的切削加工步骤,还包括工夹具型号、规格、切削用量和其他特殊要求的内容,以及标有数控加工坐标位置的工序图等。在自动编程中更需要确定详细的各种工艺参数。

(2) 数控加工工艺要求更严密、精确

① 传统机械加工工艺:加工时,可以根据加工过程中出现的问题,比较自由地人为调整。

② 数控加工工艺:自适应性较差,加工过程中可能遇到的所有问题必须事先精心考虑,否则可能导致严重的后果。如攻螺纹时,数控机床不知道孔中是否已挤满切屑,是否需要退刀清理切屑再继续加工。又如非数控机床加工,可以多次试切来满足零件的精度要求;而数控加工过程,严格按规定尺寸进给,要求准确无误。因此,数控加工工艺设计要求更加严密、精确。

(3) 制订数控加工工艺需要零件图形的数学处理和编程尺寸设定值的计算　编程尺寸并不是零件图上设计的尺寸的简单再现。在对零件图进行数学处理和计算时,编程尺寸设定值要根据零件尺寸公差要求和零件的形状几何关系重新调整计算,才能确定合理的编程尺寸。

(4) 考虑进给速度对零件形状精度的影响　制订数控加工工艺时,选择切削用量要考虑进给速度对加工零件形状精度的影响。在数控加工中,刀具的移动轨迹是由插补运算完成的。在数控系统已定的条件下,进给速度越快,则插补精度越低,导致工件的轮廓形状精度越差。尤其在高精度加工时,这种影响非常明显。

（5）强调刀具选择的重要性　复杂形面的加工编程通常采用自动编程方式。自动编程中,必须先选定刀具再生成刀具中心运动轨迹,因此不具有刀具补偿功能的数控机床,若刀具预先选择不当,所编程序只能推倒重来。

3. 数控加工工艺与数控编程的关系

数控程序是输入数控机床,执行一个确定的加工任务的一系列指令,称为数控程序或零件加工程序。数控编程就是把零件的工艺过程、工艺参数及机床的其他辅助动作,按动作顺序和数控机床规定的指令、格式,编制成加工程序,再记录于控制介质即程序载体(磁盘等),输入数控装置,从而指挥数控机床加工,并根据加工结果加以修正的过程。

数控加工工艺分析与处理是数控编程的前提和依据,没有符合实际的、科学合理的数控加工工艺,就不可能有正确运行的数控加工程序。数控编程就是将制订的数控加工工艺内容程序化。

3.2　数控加工工艺特点

一、数控加工工艺的特殊要求

由于数控机床比普通机床的刚度高,所配的刀具的性能也较好,因此在同等情况下数控机床切削用量比普通机床大,加工效率也较高。

由于功能复合化程度越来越高,因此,现代数控加工工艺的明显特点是工序相对集中,表现为工序数目少、工序内容多,并且由于在数控机床上尽可能安排较复杂的工序,因此数控加工的工序内容比普通机床加工的工序内容复杂。

由于数控机床加工的零件比较复杂,因此在确定装夹方式和夹具设计时,要特别注意刀具与夹具、工件的干涉问题。

数控加工程序的编写、校验与修改是数控加工工艺的一项特殊内容。在传统机械加工工艺中,划分工序、选择设备等重要内容,对数控加工工艺来说属于已基本确定的内容。所以,制订数控加工工艺的着重点是整个数控加工过程的分析,关键在确定进给路线及生成刀具运动轨迹。复杂表面的刀具运动轨迹生成需借助自动编程软件,既是编程问题,当然也是数控加工工艺问题,这也是数控加工工艺与普通加工工艺最大的不同之处。

二、数控车削加工工艺特点

1. 数控车削加工的主要对象

数控车削是数控加工中用得最多的加工方法之一。由于数控车床具有加工精度高、能直线和圆弧插补(高档车床数控系统还有非圆曲线插补功能)以及在加工过程中能自动变速等特点,因此其工艺范围较普通车床宽得多。针对数控车床的特点,下列几种零件最适合数控车削加工。

（1）轮廓形状复杂的回转体零件　由于数控车床具有直线和圆弧插补功能,部分车床数控装置还有某些非圆曲线插补功能,因此能车削由任意直线和平面曲线组成的形状复杂的回转体零件和难于控制尺寸的零件,如具有封闭内成形面的壳体零件。图 2-17 所示的壳体零件封闭内腔的成形面,口小肚大,在普通车床无法加工,而在数控车床上则很容易加工出来。

组成零件轮廓的曲线可以是数学方程式描述的曲线,也可以是列表曲线。直线或圆弧组成的轮廓利用机床的直线或圆弧插补功能可直接加工出来。由非圆曲线组成的轮廓,若所选

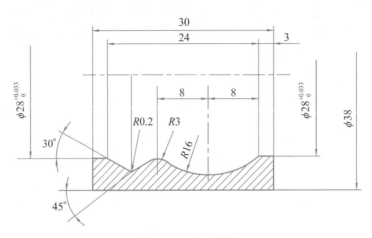

图 2 - 17　内腔零件

机床没有非圆曲线插补功能,则应先用直线或圆弧去逼近,然后再用直线或圆弧插补功能插补切削。车削圆弧零件和圆锥零件既可用传统车床也可用数控车床,而车削如图 2 - 18 所示的复杂形状回转体零件,就只能用数控车床了。

图 2 - 18　数控车削加工的零件

(2) 精度要求高的回转体零件　由于数控车床刚性好,制造和对刀精度高,以及能方便和精确地人工补偿和自动补偿,因此能加工尺寸精度要求较高的零件。在有些场合可以以车代磨。数控车削的刀具运动是通过高精度插补运算和伺服驱动来实现的,所以能加工对母线直线度、圆度、圆柱度等形状精度要求高的零件。工件一次装夹可完成多道工序的加工,提高了加工工件的位置精度。

(3) 表面粗糙度要求高的回转体零件　数控车床具有恒线速切削功能,能加工出表面粗糙度值小而均匀的零件。因为在材质、精车余量和刀具已定的情况下,表面粗糙度取决于进给量和切削速度。切削速度变化,致使车削后的表面粗糙度不一致,使用数控车床的恒线速切削功能,就可选用最佳速度来切削锥面、球面和端面等,使车削后的表面粗糙度值既小又一致。

(4) 表面形状复杂的回转体零件　由于数控车床具有直线、圆弧插补功能和宏程序功能,可以车削由任意直线和曲线组成的形状复杂的回转体零件。

（5）带特殊螺纹的回转体零件 数控车床具有加工各类螺纹的功能,包括任何等导程的直、锥和端面螺纹,增导程、减导程以及要求等导程与变导程之间平滑过渡的螺纹,如图 2 - 19 所示。通常在主轴箱内安装有脉冲编码器,主轴的运动通过同步带 1：1 地传到脉冲编码器。采用伺服电动机驱动主轴旋转,当主轴旋转时,脉冲编码器发出检测脉冲信号给数控系统,使主轴电动机的旋转与刀架的切削进给保持同步,即实现加工螺纹时主轴转一转,刀架移动工件一个导程的运动关系。而且,车削出来的螺纹精度高,表面粗糙度值小。

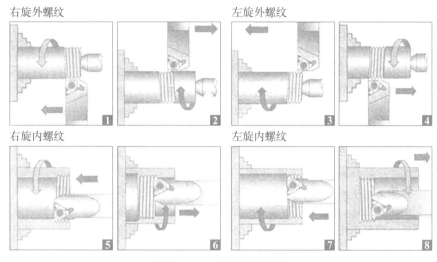

右旋外螺纹　　　　　　左旋外螺纹

右旋内螺纹　　　　　　左旋内螺纹

图 2 - 19　数控螺纹车削

（6）超精密、超低表面粗糙度值的零件 磁盘、录像机磁头、激光打印机的多面反射体、复印机的回转鼓、照相机等光学设备的透镜等零件,要求超高的轮廓精度和超低的表面粗糙度值,它们适合在高精度、高性能的数控车床上加工。数控车床超精加工的轮廓精度可达到 $0.1\ \mu m$,表面粗糙度值达 $Ra0.02\ \mu m$,超精加工所用数控系统的最小分辨率应达到 $0.01\ \mu m$。

2. 数控车削加工内容的选择

当选择并决定数控加工某个零件后,并不等于要把所有加工内容都包下来,而可能只是其中一部分,必须对零件图样进行仔细的工艺分析,确定那些最适合、最需要进行数控加工的内容和工序。在选择并决定时,应结合本单位的实际,立足于解决难题、攻克关键和提高生产效率,充分发挥数控加工的优势。具体选择时,一般可按下列顺序考虑。

（1）通用机床无法加工的内容应作为首先选择内容

① 由轮廓曲线构成的回转表面。如图 2 - 20 所示,圆弧回转表面须用数控车削加工方能满足技术要求。

② 具有微小尺寸要求的结构表面。如图 2 - 21 所示,此类结构正是数控加工优越性的表现。图中带轮为国外某汽车上的零件,在产品设计上大量采用了微小尺寸的结构并有精度要求(如各种过渡倒角、小圆弧等),这是由于国外产品零件大量使用数控设备制造而在零件结构上表现出的突出特点。图 2 - 22 所示的轴承内圈中的多处过渡倒角也是小尺寸且为圆弧。

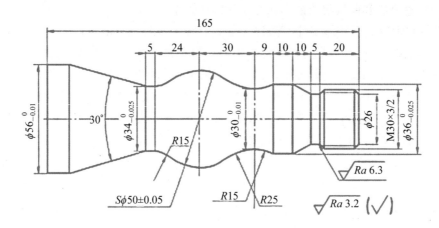

图 2-20　回转体零件

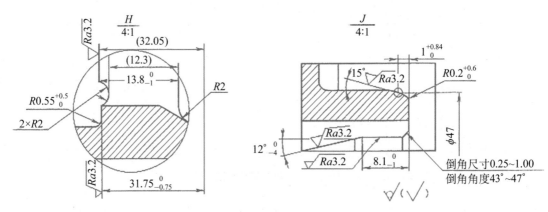

图 2-21　具微小结构的零件

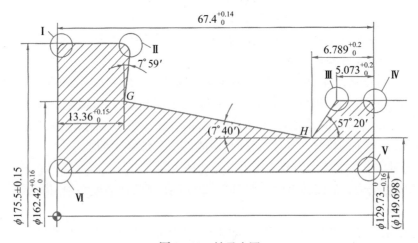

图 2-22　轴承内圈

③ 同一表面采用多种设计要求的结构。如图 2-23 所示，该带轮的轴孔直径采用两种设计要求，尺寸相差很小，配合部分轴颈为 $\phi 31.787^{\ 0}_{-0.025}$，装配部分轴颈为 $\phi 31.82^{+0.1}_{\ 0}$，半径相差

仅 0.016 5 mm，并且两尺寸过渡倒角也有要求，这样做既能保证装配配合精度要求又能满足装配方便要求，但只能使用数控设备才能加工出来。

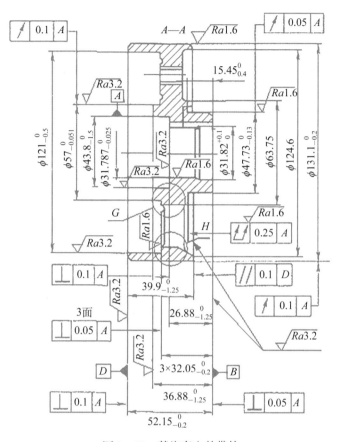

图 2-23　某汽车上的带轮

④ 表面间有严格几何关系要求的表面。此类几何关系是指表面间相切、相交或一定的夹角等连接关系，如图 2-19 所示零件中的多处相切关系，需要在加工中连续切削才能形成，这样的结构也只能采用数控设备连续走刀才能加工出来。

（2）通用机床难加工、质量难以保证的内容应作为重点选择内容

① 表面间有严格位置精度要求但在普通机床上无法一次安装加工的表面。如图 2-21 所示，轴承内圈的滚道和内孔的壁厚差有严格要求，在普通机床上无法一次安装加工，最后采用数控加工才解决了这一技术难题。

② 表面粗糙度要求很严的锥面、曲面、端面等。这类表面只能采用恒线速切削才能达到要求，目前普通设备多不具备恒线速切削功能，而数控设备大多具有此功能。

（3）通用机床加工效率低，工人手工操作劳动强度大的内容　可在数控机床尚存在富余能力的基础上，选择内容，采用数控加工后，在产品质量、生产率与综合经济效益等方面都会得到明显提高。相比之下，下列加工内容则不宜选择采用数控加工：

① 需要通过较长时间占机调整的加工内容，如偏心回转零件用四爪卡盘长时间在机床上调整，但加工内容却比较简单。

② 不能在一次安装中加工完成的其他零星部位,采用数控加工很麻烦,效果不明显,可安排通用机床补加工。

此外,在选择和决定加工内容时,也要考虑生产批量、现场生产条件、生产周期等情况。随着生产技术条件的进步,许多现代化生产企业,包括大量生产的企业(如一汽大众、一汽集团公司下属一些专业生产厂),其产品零件几乎 100% 采用数控设备生产制造,零件的所有表面都采用数控机床加工,这样就不存在加工表面的选择问题了。

三、数控铣削加工工艺特点

1. 数控铣床加工的主要对象

数控铣削是机械加工中最常用和最主要的数控加工方法之一,除了能铣削普通铣床所能铣削的各种零件表面外,还能铣削普通铣床不能铣削的需要二至五坐标轴联动的各种平面轮廓和立体轮廓。根据数控铣床的特点,从铣削加工角度考虑,适合数控铣削的主要加工对象有以下几类。

(1) 平面类零件 加工面平行或垂直于定位面,或加工面与水平面的夹角为定角的零件为平面类零件,如图 2‐24 所示。目前,在数控铣床上加工的大多数零件属于平面类零件,其特点是各个加工面是平面,或可以展开成平面。

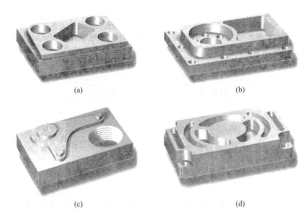

(a)   (b)

(c)   (d)

图 2‐24 平面类零件

平面类零件是数控铣削加工中最简单的一类零件,一般只需用三坐标数控铣床的两坐标联动(或两轴半坐标联动)就可以把它们加工出来。

(2) 变斜角类零件 加工面与水平面的平角呈连续变化的零件称为变斜角零件,如图 2‐25 所示的飞机变斜角梁缘条。变斜角类零件的变斜角加工面不能展开为平面,但在加工中,加工面与铣刀圆周的瞬时接触为一条线。最好采用四坐标、五坐标数控铣床摆角加工,若没有上述机

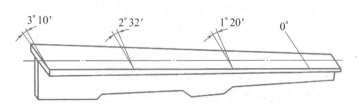

3°10′   2°32′   1°20′   0°

图 2‐25 飞机上的变斜角梁缘条

床,也可采用三坐标数控铣床进行两轴半近似加工。

（3）曲面类零件　加工面为空间曲面的零件称为曲面类零件,如图2-26所示,如模具、叶片、螺旋桨等。曲面类零件不能展开为平面。加工时,铣刀与加工面始终为点接触,一般采用球头刀在三轴数控铣床上加工。当曲面较复杂、通道较狭窄、会伤及相邻表面及需要刀具摆动时,要采用四坐标或五坐标铣床加工。

图2-26　曲面类零件

（4）箱体类零件　箱体类零件一般是指具有两个以上孔系,内部有一定型腔或空腔,在长、宽、高方向有一定比例的零件。

2. 数控铣床加工工艺的基本特点及内容

（1）数控铣床加工工艺的基本特点　工艺规程是工人在加工时的指导性文件。由于普通铣床受控于操作工人,因此,在普通铣床上用的工艺规程实际上只是一个工艺过程卡,铣床的切削用量、走刀路线、工序的工步等往往都是由操作工人自行选定。数控铣床加工的程序是数控铣床的指令性文件。数控铣床受控于程序指令,加工的全过程都是按程序指令自动进行的。因此,数控铣床加工程序与普通铣床工艺规程有较大差别,涉及的内容也较广。数控铣床加工程序不仅要包括零件的工艺过程,而且还要包括切削用量、走刀路线、刀具尺寸以及铣床的运动过程。因此,要求编程人员对数控铣床的性能、特点、运动方式、刀具系统、切削规范以及工件的装夹方法都非常熟悉。工艺方案的好坏不仅会影响铣床效率的发挥,而且将直接影响到零件的加工质量。

（2）数控铣床加工工艺的主要内容

① 选择适合在数控铣床上加工的零件,确定工序内容。

② 分析被加工零件的图样,明确加工内容及技术要求。

③ 确定零件的加工方案,制订数控铣削加工工艺路线,如划分工序、安排加工顺序,处理与非数控加工工序的衔接等。

④ 加工工序的设计,如选取零件的定位基准、夹具方案的确定、工步划分、刀具选择和确定切削用量等。

⑤ 数控铣削加工程序的调整,如选取对刀点和换刀点、确定刀具补偿及确定加工路线等。

3.3　数控加工工艺文件的编制

编制数控加工专用技术文件是数控加工工艺设计的内容之一。这些技术文件既是数控加工的依据、产品验收的依据,也是操作者遵守、执行的规程。同时还为产品零件重复生产积累了必要的工艺资料,完成了技术储备。技术文件是对数控加工的具体说明,是让操作者更明确加工程序的内容、装夹方式、各个加工部位所选用的刀具及其他问题。数控加工技术文件主要有数控编程任务书、工件安装和原点设定卡片、数控加工工艺过程卡、数控加工工序卡片、数控刀具卡片、数控加工走刀路线图、数控加工程序单等。数控加工工艺过程卡、数控加工工序卡片、数控刀具卡片、数控加工走刀路线图是最为常用的数控加工工艺文件。数控加工工艺过程卡跟机械加工工艺过程卡一样,也是主要表达零件加工的工艺路线,用法与卡片格式也差不

多，在大多情况下可用机械加工工艺过程卡代替。

一、数控加工工序卡

数控加工工序卡与普通加工工序卡有许多相似之处，所不同的是：工序草图中应注明编程原点与对刀点，要进行简要编程说明（如所用机床型号、程序介质、程序编号、刀具半径补偿、镜向对称加工方式等）及切削参数（即主轴转速、进给速度、最大背吃刀量或宽度等）的选择，详见表2-2。由于数控加工工序卡的工序简图要表达的内容较多，而工序卡内画工序简图的空间有限，为了表达清楚数控加工工序内容，通常用走刀路线图来详细表达工序简图（详见表2-6），因而数控加工工序卡常用表2-3不带工序简图的格式。

表2-2 数控加工工序卡片

单位	数控加工工序卡片	产品名称或代号		零件名称	零件图号
工序简图		车间		使用设备	
		工艺序号		程序编号	
		夹具名称		夹具编号	
工步号	工步作业内容	加工面	刀具号	刀补量	主轴转速	进给速度	背吃刀量	备注
编制		审核		批准		年月日	共 页	第 页

表2-3 数控加工工序卡

单位名称		数控加工工序卡		产品型号		零件图号		
				产品名称		零件名称		
材料牌号		毛坯种类		毛坯外形尺寸		备注		
工序号	工序名称	设备名称	设备型号	程序编号	夹具代号	夹具名称	冷却液	车间
工步号	工步内容	刀具号	刀具	量具及检具	主轴转速/(r/min)	切削速度/(m/min)	进给速度/(mm/min)	背吃刀量/mm	备注
编制		审核		批准			共 页	第 页	

二、数控加工刀具明细卡

数控加工一般涉及刀具较多,且对刀具要求十分严格,要在机外对刀仪上预先调整刀具直径和长度。刀具卡反映刀具编号、刀具结构、尾柄规格、组合件名称代号、刀片型号和材料等。数控加工刀具明细卡是组装和调整刀具的依据,其格式详见表2-4。如果数控加工所用刀具数量虽多,但相对简易,也经常用表2-5数控加工刀具卡格式,简单列出所用刀具名称、规格等参数。

表 2-4　数控加工刀具明细卡

零件图号		数控刀具明细卡片				使用设备	
刀具名称							
刀具编号		换刀方式	自动	程序编号			
刀具组成	序号	编号	刀具名称	规格		数量	备注

备注					
编制	审核		批准		共　页　　　第　页

表 2-5　数控加工刀具卡

单位名称		数控加工刀具卡片		产品型号		零件图号		
				产品名称		零件名称		
材料牌号		毛坯种类		毛坯外形尺寸		备注		
工序号	工序名称	设备名称	设备型号	程序编号	夹具代号	夹具名称	冷却液	车间
工步号	刀具号	刀具名称	刀具型号	刀片 型号 / 牌号	刀尖半径/mm	刀柄型号	刀具 直径/mm / 刀长/mm	补偿量/mm / 备注
编制		审核			批准			共　页　第　页

三、数控加工走刀路线图

在数控加工中,常常要注意并防止刀具在运动过程中与夹具或工件意外碰撞,为此必须设法告诉操作者关于编程中的刀具运动路线(如从哪里下刀、在哪里抬刀、哪里是斜下刀等)。为简化走刀路线图,一般可采用统一约定的符号来表示。不同的机床可以采用不同的图例与格式,表 2-6 为一种常用格式。

表 2-6　走刀路线图

数控加工走刀路线图		零件号		工序号		工步号		程序号	
机床型号		程序段号		加工内容				共　页	第　页
								编程	
								校对	
								审批	
符号	⊙	⊗	◕	∘→	→	←∟	∘----	∘⌒∘	⇒
含义	抬刀	下刀	编程原点	起刀点	走刀方向	走刀线相交	爬斜坡	铰孔	行切

案例三　盖板零件的数控加工工艺文件编制

图 2-27 所示为盖板零件,试编制其加工中心加工工艺文件。

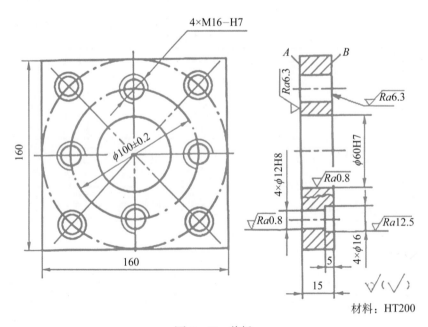

图 2-27　盖板

任务分析

（1）分析零件图样，选择加工内容 盖板是机械加工中常见的零件，加工表面有平面和孔，通常需经铣平面、钻孔、扩孔、镗孔、铰孔及攻螺纹等工步才能完成。该盖板的材料为铸铁，故毛坯为铸件。由零件图可知，盖板的 4 个侧面为不加工表面，全部加工表面都集中在 A、B 面上，最高精度为 IT7 级。从工序集中和便于定位两个方面考虑，选择 B 面及位于 B 面上的全部孔在加工中心上加工，将 A 面作为主要定位基准，并在前道工序中先加工好。

（2）选择加工中心 由于 B 面及位于 B 面上的全部孔，只需单工位加工即可完成，故选择立式加工中心。加工表面不多，只有粗铣、精铣、粗镗、半精镗、精镗、钻、扩、锪、铰及攻螺纹等工步，所需刀具不超过 20 把，选用国产 XH714 型立式加工中心即可满足上述要求。该机床工作台尺寸为 400 mm×800 mm，若 x 轴行程为 600 mm、y 轴行程为 400 mm、z 轴行程为 400 mm，主轴端面至工作台台面距离为 125～525 mm，定位精度和重复定位精度分别为 0.02 mm 和 0.01 mm，刀库容量为 18 把，工件一次装夹后便可自动完成铣、钻、镗、铰及攻螺纹等工步的加工。

任务实施

（1）选择加工方法 B 平面用铣削方法加工，因其表面粗糙度为 $Ra6.3\ \mu m$，故采用粗铣—精铣方案；$\phi60H7$ 孔为已铸出毛坯孔，为达到 IT7 级精度和 $Ra0.8\ \mu m$ 的表面粗糙度，需经 3 次镗削，即采用粗镗—半精镗—精镗方案；对 $\phi12H8$ 孔，为防止钻偏和达到 IT8 级精度，按钻中心孔—钻孔—扩孔—铰孔方案；$\phi16$ mm 孔在 $\phi12$ mm 孔基础上锪至尺寸即可；M16 螺纹孔采用先钻底孔后攻螺纹的加工方法，即按钻中心孔—钻底孔—倒角—攻螺纹方案加工。

（2）确定加工顺序 按照先面后孔、先粗后精的原则确定。具体加工顺序为粗、精铣 B 面—粗、半精、精镗 $\phi60H7$ 孔—钻各光孔和螺纹孔的中心孔—钻、扩、锪、铰 $\phi12H8$ 及 $\phi16$ mm 孔—M16 螺孔钻底孔、倒角和攻螺纹。

（3）确定装夹方案 该盖板零件形状简单，4 个侧面较光整，加工面与不加工面之间的位置精度要求不高，故可选用通用台钳，以盖板底面 A 和两个侧面定位，用台钳钳口从侧面夹紧。

（4）选择刀具 根据加工内容，所需刀具有面铣刀、镗刀、中心钻、麻花钻、铰刀、立铣刀（锪 $\phi16$ mm 孔）及丝锥等，其规格根据加工尺寸选择。B 面粗铣铣刀直径应选小一些，以减小切削力矩，但也不能太小，以免影响加工效率；B 面精铣铣刀直径应选大一些，以减少接刀痕迹，但要考虑到刀库允许装刀直径（XH714 型加工中心的允许装刀直径：无相邻刀具为 $\phi150$ mm，有相邻刀具为 $\phi80$ mm）也不能太大。刀柄柄部根据主轴锥孔和拉紧机构选择。XH714 型加工中心主轴锥孔为 ISO40，适用刀柄为 BT40（日本标准 JISB6339），故刀柄柄部应选择 BT40 型式。具体所选刀具及刀柄见表 2-7。

（5）确定进给路线 B 面的粗、精铣削加工进给路线根据铣刀直径确定，因所选铣刀直径为 $\phi100$ mm，故安排沿 z 方向两次进给，如图 2-28 所示。因为孔的位置精度要求不高，机床的定位精度完全能保证，所有孔加工进给路线均按最短路线确定，图 2-28～图 2-33 所示即为各孔加工工步的进给路线。

表 2-7　刀具卡

产品名称或代号		XXX 零件名称		盖板		零件图号 XXX	
序号	刀具号	刀具规格名称/mm	数量	加工表面/mm		刀长/mm	备注
1	T01	ϕ100 可转位面铣刀		铣 A、B 表面			
2	T02	ϕ3 中心钻		钻中心孔			
3	T03	ϕ58 镗刀		粗镗 ϕ60H7 孔			
4	T04	ϕ59.9 镗刀		半精镗 ϕ60H7 孔			
5	T05	ϕ60H7 镗刀		精镗 ϕ60H7 孔			
6	T06	ϕ11.9 麻花钻		钻 4×ϕ12H8 底孔			
7	T07	ϕ16 阶梯铣刀		锪 4×ϕ16 阶梯孔			
8	T08	ϕ12H8 铰刀		铰 4×ϕ12H8 孔			
9	T09	ϕ14 麻花钻		钻 4×M16 螺纹底孔			
10	T10	90°ϕ16 铣刀		4×M 16 螺纹孔倒角			
11	T11	机用丝锥 M16		攻 4-M16 螺纹孔			
编制		审核	批准		共　页	第　页	

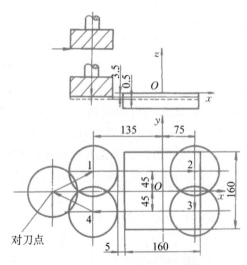

图 2-28　铣削 B 面进给路线

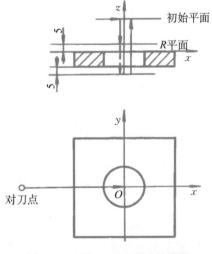

图 2-29　镗 ϕ60H7 孔进给路线

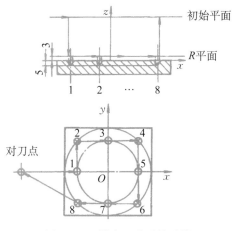

图 2-30 钻中心孔进给路线

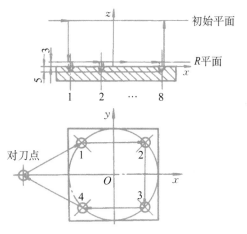

图 2-31 钻、扩、铰 ϕ12H8 孔进给路线

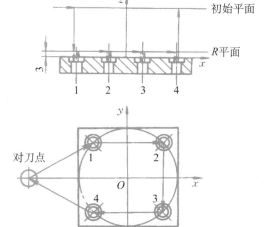

图 2-32 镗 ϕ16 孔进给路线

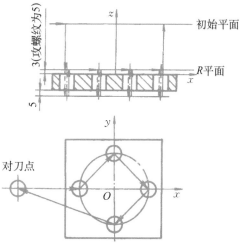

图 2-33 钻螺纹底孔、攻螺纹进给路线

（6）选择切削用量 查表确定切削速度和进给量,然后计算出机床主轴转速和机床进给速度,详见表 2-8 数控加工工艺过程卡。

表 2-8 数控加工工艺过程卡

单位名称	XXX		产品名称或代号	零件名称		材料	零件图号
			XXX	盖板			XXX
工序号	程序编号		夹具名称	夹具编号		使用设备	车间
XXX	XXX		平口虎钳	XXX		TH5660A	XXX
工步号	工 步 内 容	刀具号	刀具规格/mm	主轴转速/(r/min)	进给速度/(mm/min)	背吃刀量/mm	备注
1	粗铣 A 面	T01	ϕ100	250	80	3.8	
2	精铣 A 面	T01	ϕ100	320	40	0.2	

工步号	工 步 内 容	刀具号	刀具规格/mm	主轴转速/(r/min)	进给速度/(mm/min)	背吃刀量/mm	备注
3	粗铣 B 面	T01	$\phi 100$	250	80	3.8	
4	精铣 B 面,保证尺寸 15	T01	$\phi 100$	320	40	0.2	
5	钻各光孔和螺纹孔的中心孔	T02	$\phi 3$	1 000	40		
6	粗镗 $\phi 60H7$ 孔至 $\phi 58$	T03	$\phi 58$	400	60		
7	半精镗 $\phi 60H7$ 孔至 $\phi 59.9$	T04	$\phi 59.9$	460	50		
8	精镗 $\phi 60H7$ 孔	T05	$\phi 60H7$	520	30		
9	钻 $4 \times \phi 12H8$ 底孔至 $\phi 11.9$	T06	$\phi 11.9$	500	60		
10	锪 $4 \times \phi 16$ 阶梯孔	T07	$\phi 16$	200	30		
11	铰 $4 \times \phi 12H8$ 孔	T08	$\phi 12H8$	100	30		
12	钻 $4 \times M16$ 螺纹底孔至 $\phi 14$	T09	$\phi 14$	350	50		
13	$4 \times M16$ 螺纹孔倒角	T10	$\phi 16$	300	40		
14	攻 $4 \times M16$ 螺纹孔	T11	M16	100	200		
编制	XXX	审核	XXX	批准	XXX	共1页	第　页

任务小结

(1) 数控加工的基本知识。
(2) 数控加工的工艺特点。
(3) 数控加工工艺文件的编制。

任务思考

(1) 数控加工工艺与普通加工工艺的区别在哪里? 其特点是什么?
(2) 数控机床通常由哪几部分构成? 各部分的作用和特点是什么?
(3) 数控系统由哪些部分构成?
(4) 数控机床的类型有哪些?
(5) 数控技术智能化体现在哪些方面?
(6) 数控加工的发展趋势是什么?
(7) 试写出图 2-34 所示的 C6150 车床主轴箱箱体数控加工工艺过程。

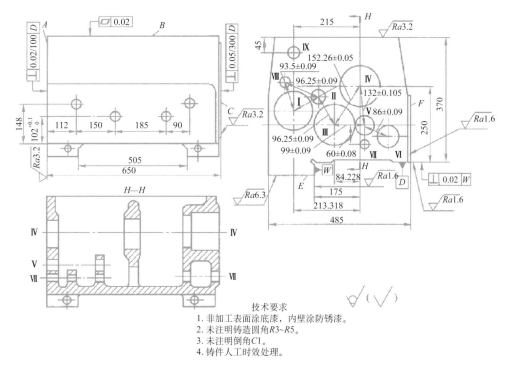

技术要求
1. 非加工表面涂底漆，内壁涂防锈漆。
2. 未注明铸造圆角R3~R5。
3. 未注明倒角C1。
4. 铸件人工时效处理。

图 2-34　C6150 车床主轴箱箱体

任务4　数控加工工艺师

4.1　加工中心工艺特点

一、车削加工中心工艺特点

车削加工中心是以工件做高速回转主运动为主的一类加工中心，一般在数控车床的基础上增加一个回转轴控制（如 C 轴控制），带动力刀头的机床。可以加工各种回转表面，如内外圆柱面、内外圆锥面、螺纹、沟槽、端面和成形面等，加工精度可达 IT8～IT7，表面粗糙度为 Ra1.6～0.8。

车削常用来加工单一轴线的零件，如直轴和一般盘、套类零件等。若改变工件的安装位置或将车床适当改装，还可以加工多轴线的零件（如曲轴、偏心轮等）或盘形凸轮。单件小批生产中，各种轴、盘、套等类零件多选用适应性广的卧式车床或数控车床进行加工；直径大而长度短（长径比为 0.3～0.8）的大型零件，多用立式车床加工。车削加工中心的工艺特点如下：

- 易于保证工件各加工面的位置精度。
- 易于保证同轴度要求。利用卡盘安装工件，回转轴线是车床主轴回转轴线；利用前后顶尖安装工件，回转轴线是两顶尖的中心连线，易于保证端面与轴线垂直度要求，由横溜板导轨保证与工件回转轴线的垂直度。

- 切削平稳,避免了惯性力与冲击力,允许采用较大的切削用量,高速切削,生产率提高。
- 易于采用以车代磨工艺,能获得较高表面质量。
- 适合有色金属零件的精加工,有色金属零件表面粗糙度大,Ra 值要求较小时,不宜采用磨削加工,需要用车削或铣削等。用金刚石车刀精细车时,可达较高质量。
- 刀具简单,车刀制造、刃磨和安装均较方便。

二、加工中心(镗铣类加工中心)的工艺特点

加工中心是一种功能较全的数控机床,它集铣削、钻削、铰削、镗削、攻螺纹和切削螺纹于一身,具有多种工艺手段,综合加工能力较强。与普通机床加工相比,加工中心具有许多显著的工艺特点。

(1)可减少工件的装夹次数 减少了工件的装夹次数,消除因多次装夹带来的定位误差,提高了加工精度。当零件各加工部位的位置精度要求较高时,采用加工中心加工能在一次装夹中将各个部位加工出来,避免了工件多次装夹所带来的定位误差,有利于保证各加工部位的位置精度要求。加工中心多采用半闭环,甚至全闭环的位置补偿功能,有较高的定位精度和重复定位精度,在加工过程中产生的尺寸误差能及时得到补偿,与普通机床相比,能获得较高的尺寸精度。另外,采用加工中心加工,还可减少装卸工件的辅助时间,节省大量的专用和通用工艺装备,降低生产成本。

(2)可减少机床、操作人员数量 节省了占用的车间面积。

(3)可减少周转次数和运输工作量 缩短了生产周期。

(4)可减少在制品数量少 简化了生产调度和管理。

(5)使用的刀具较多,易干涉 使用各种刀具多工序集中加工,在工艺设计时,要处理好刀具在换刀及加工时与工件、夹具甚至机床相关部位的干涉问题。

(6)夹紧要求高 若在加工中心上连续粗加工和精加工,夹具既要能适应粗加工时切削力大、高刚度、夹紧力大的要求,又须适应精加工时定位精度高、零件夹紧变形尽可能小的要求。

(7)刀具切削刚度要求高 由于采用自动换刀和自动回转工作台多工位加工,决定了卧式加工中心只能悬臂加工。由于不能在加工中设置支架等辅助装置,应尽量使用刚性好的刀具,并解决刀具的振动和稳定性问题。由于加工中心是自动换刀来实现工序或工步集中的,因此受刀库、机械手的限制,刀具的直径、长度、重量一般都不允许超过机床说明书所规定的范围。

(8)排屑要及时 多工序集中加工,产生的切屑较多,要及时处理切屑,或安排切削暂停排屑工序。

(9)连续加工不利于应力释放 在将毛坯加工为成品的过程中,零件不能进行时效处理,内应力难以消除。

(10)设备技术含量高,对操作人员要求高 技术复杂,对使用、维修、管理要求较高,要求操作者具有较高的技术水平。

(11)工艺成本相对较高 加工中心一次性投资大,还需配置其他辅助装置,如刀具预调设备、数控工具系统或三坐标测量机等。机床的加工工时费用高,如果零件选择不当,会增加加工成本。

三、加工中心的主要加工对象

加工中心适用于复杂、工序多、精度要求较高、需用多种类型普通机床和众多刀具、工装，经过多次装夹和调整才能完成加工的零件，其主要加工对象有以下几类。

1. 既有平面又有孔系的零件

加工中心具有自动换刀装置，在一次安装中，可以完成零件上平面的铣削、孔系的钻削、镗削、铰削、铣削及攻螺纹等多工步加工。加工的部位可以在一个平面上，也可以不在一个平面上。五面体加工中心一次装夹可以完成除安装基面以外的 5 个面的加工。因此，加工中心的首选加工对象是既有平面又有孔系的零件，如箱体类零件和盘、套、板类零件。

（1）箱体类零件　如图 2 – 35 所示，这类零件在机床、汽车、飞机等行业用得较多，如汽车的发动机缸体、变速箱体，机床的床头箱、主轴箱，柴油机缸体以及齿轮泵壳体等。

箱体类零件一般都需要多工位孔系、轮廓及平面加工，公差要求较高，特别是形位公差要求较为严格，通常要经过铣、钻、扩、镗、铰、锪、攻螺纹等工序加工，需要刀具数量较多。在普通机床上加工难度大，工装多，费用高，加工周期长，需多次装夹、找正，手工测量次数多，加工时必须频繁地更换刀具，工艺制订难度大，更重要的是精度难保证。这类零件在

图 2 – 35　箱体类零件

镗铣类加工中心上加工，一次装夹可完成普通机床 60%～95% 的工序内容，零件各项精度一致性好，质量稳定，节省费用，缩短生产周期。

加工箱体类零件的镗铣类加工中心，对加工工位较多、需工作台多次旋转角度才能完成的零件，一般选卧式镗铣类加工中心。当加工的工位较少，且跨距不大时，可选立式镗铣类加工中心，从一端加工。

箱体类零件的加工方法，主要有以下几种。

① 当既有面又有孔时，应先铣面，后加工孔。

② 孔系加工时，先完成全部孔的粗加工，再精加工。

③ 一般情况下，直径大于 $\phi 30$ 的孔都应铸造出毛坯孔。在普通机床上先完成毛坯的粗加工，为镗铣类加工中心加工工序留余量 4～6 mm（直径），再在镗铣类加工中心上粗、精加工面和孔。通常分粗镗—半精镗—孔端倒角—精镗 4 个工步完成。

④ 直径小于 $\phi 30$ 的孔可以不铸出毛坯孔，孔和孔的端面的全部加工都在加工中心上完成，可分为锪平端面—（打中心孔）—钻—扩—孔端倒角—铰等工步。有同轴度要求的小孔（$<\phi 30$），须采用锪平端面—（打中心孔）—钻—半精镗—孔端倒角—精镗（或铰）工步来完成加工，其中打中心孔需视具体情况而定。

⑤ 在孔系加工时，先加工大孔，再加工小孔，特别是在大小孔相距很近的情况下，更要采取这一措施。

⑥ 跨距较大的箱体的同轴孔加工，尽量采取调头加工的方法，以缩短刀辅具的长径比，增加刀具刚性，提高加工质量。

⑦ 一般情况下，M6以上、M20以下的螺纹孔可在加工中心上完成。M6以下、M20以上的螺纹可在加工中心上完成底孔加工，攻螺纹可通过其他手段加工。因加工中心的自动加工方式在攻小螺纹时，不能随机控制加工状态，小丝锥容易折断，因而产生废品，由于刀具、辅具等因素影响，在加工中心上攻M20以上大螺纹有一定困难。但这也不是绝对的，可视具体情况而定，在某些机床上可用镗刀片完成螺纹切削。

（2）盘、套、板类零件　指带有键槽或径向孔，或端面有分布孔系以及有曲面的盘套或轴类零件，如图2-36所示，如带法兰的轴套、带有键槽或方头的轴类零件等，具有较多孔加工的板类零件如各种电机盖等。

端面有分布孔系，曲面的盘、套、板类零件宜选用立式加工中心，有径向孔的可选用卧式加工中心。

2. 复杂曲面类零件

由复杂曲线、曲面组成的零件，如凸轮类、叶轮类和模具类等零件，加工中心是最有效的设备。

（1）凸轮类　这类零件有各种曲线的盘形凸轮（图2-37）、圆柱凸轮、圆锥凸轮和端面凸轮等，加工时，可根据凸轮表面的复杂程度，选用三轴、四轴或五轴联动的加工中心。

（2）整体叶轮类　整体叶轮常见于航空发动机的压气机、空气压缩机、船舶水下推进器等，除具有一般曲面加工的特点外，还存在许多特殊的加工难点，如通道狭窄，刀具很容易与加工表面和邻近曲面发生干涉。图2-38所示叶轮的叶面是一个典型的三维空间曲面，加工这样的型面，可采用四轴以上联动的加工中心。

图2-36　盘、套、板类零件

图2-37　凸轮

图2-38　叶轮

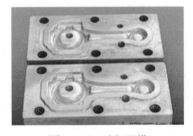

图2-39　连杆凹模

（3）模具类零件　常见的模具有锻压模具、铸造模具、注射模具及橡胶模具等。图2-39所示为连杆凹模。采用加工中心加工模具，由于工序高度集中，动模、静模等关键件的精加工基本上是在一次安装中完成全部机加工内容，尺寸累积误差及修配工作量小。同时，模具的可复制性强，互换性好。

对于复杂曲面类零件，就加工的可能性而言，在不出现加工过切或加工盲区时，复杂曲面一般可以采用球头铣刀三坐标联动加工，加工精度较高，但效率较低。如果工件存在加工过切或加工盲区（如整体叶轮等），就必须考虑采用四坐标或五坐标联动的机床。仅仅加工复杂曲面，并不能发挥加工中心自动换刀的优势，因为复杂曲面的加工一般经过粗铣、（半）精铣、清根等步骤，所用的刀具较少，特别是像模具一类的单件加工。

3. 外形不规则零件

异形件是外形不规则的零件,大多数需要点、线、面多工位混合加工,如支架、基座、样板、靠模支架等,如图 2-40 所示。由于异形件的外形不规则,刚性一般较差,夹紧及切削变形难以控制,加工精度难以保证,因此在普通机床上只能采取工序分散的原则加工,需要用较多的工装,周期较长。这时,可充分发挥加工中心工序集中,多工位点、线、面混合加工的特点,采用合理的工艺措施,一次或二次装夹,完成大部分甚至全部加工内容。

图 2-40 外形不规则零件

4. 周期性投产的零件

用加工中心加工零件时,所需工时主要包括基本时间和准备时间,其中准备时间占很大比例。例如工艺准备、程序编制、零件首件试切等,所用时间往往是单件基本时间的几十倍,但采用加工中心可以将这些准备时间的内容储存起来,供以后反复使用。这样周期性投产的零件,生产周期就可以大大缩短。

5. 加工精度要求较高的中小批量零件

针对加工中心加工精度高、尺寸稳定的特点,对加工精度要求较高的中小批量零件,选择加工中心加工,容易获得所要求的尺寸精度和形状位置精度,并可得到很好的互换性。

6. 新产品试制中的零件

在新产品定型之前,需经反复试验和改进。选择加工中心试制,可省去许多通用机床加工所需的试制工装。当零件被修改时,只需修改相应的程序及调整夹具、刀具即可,节省了费用,缩短了试制周期。

4.2 成组工艺简介

一、成组工艺的基本概念

成组技术(GT,group technology)是一门生产技术科学和管理科学,是提高多品种、中小批量机械制造业生产效率和水平,增加生产效益的一种基础技术。它研究如何识别和发展生产活动中有关事物的相似性,并充分利用相似性把各种问题按其归类成组,并寻求解决这一组问题相对统一的最优方案,以取得所期望的经济效益。

成组技术的普遍原理适用于各个领域。在机械制造系统领域研究与应用时,成组技术可定义为:将企业生产的多种产品、部件和零件,按照一定的相似性准则分类成组,并以这种分组为基础组织生产的全过程,从而实现产品设计、制造和生产管理的合理化及高效益。例如在机械加工方面,则是将多种零件按其工艺的相似性分类形成零件族,并对一个零件族采用一种加工方法或工艺路线,使该族中的零件都能用同一的工艺方法或路线加工完成。实际上,人们很早以来已应用成组技术的思想来指导生产实践,诸如生产专业化、零部件标准化等,都可以认为是成组技术在机械工业中的应用。

根据目前成组加工的实际应用情况,成组加工系统有如下 3 种基本形式。

1. 成组单机

成组单机是在机群式布置的基础上发展起来的,它是把一些工序相同或相似的零件族放

在一台机床上加工。用于从毛坯到成品,多数工序可以在同一类型的设备上完成的工件,也可以用于仅完成其中某几道工序的加工。这是成组技术的最初形式,由于相似零件集中加工,批量增大,减少了机床调整时间,获得了一定的经济效果。较复杂的零件加工需要在多台机床上完成时,效果就不显著了。但随着数控机床和加工中心机床的应用,特别是柔性运输系统的发展,成组加工单机的组织形式又变得重要起来。

2. 成组生产单元

成组生产单元是指一组或几组工艺上相似零件的全部工艺过程,由相应的一组机床完成,该组机床即构成车间的一个封闭的生产单元。成组生产单元的主要特点是由几种类型机床组成一个封闭的生产系统,完成一组或几组相似零件的全部工艺过程。它有一定的独立性,并有明确的职责,提高了设备利用率,缩短了生产周期,简化了生产管理等,为企业广泛采用。

3. 成组生产流水线

成组生产流水线是成组技术的较高级组织形式。它与一般流水线的主要区别在于,生产线上流动的不是一种零件,而是多种相似零件。在流水线上各工序的节拍基本一致,其工作过程是连续而有节奏的。但每一种零件不一定经过流水线上每一台机床,所以它能加工的工件较多,工艺适应范围较大。

这3种形式是介于机群式和流水线式之间的设备布置形式。机群式适用于传统的单件小批量生产,流水线式则适用于传统的大批大量生产。成组生产采用哪一种形式,主要取决于零件成族后,同族零件的批量大小。

二、成组技术中零件的编码

1. 零件的分类编码

零件分类编码就是按照一定的规则选用流行的数字代码,描述和识别零件各有关特征。这些编码规则称为零件编码法则。

工程零件图能详尽地描述一个产品或零件的全部信息和数据,为制造者提供待加工零件的全部工艺决策信息。但是,计算机处理这些信息时,无法识别。成组技术中提供的零件编码系统就是适用于这种情况的一种工具。编码系统对零件分类编码,将零件图上的信息代码化,把零件的属性转化成计算机能识别和处理的代码,使计算机能够了解零件的技术要求。通常可根据具体情况选用通用的分类编码系统,如 Opitz、KK－3、JLMB－1 系统等,也可选用适合于本部门产品特点或工作性质的专用分类编码系统。应用编码系统来描述零件,既要解决零件有关特征的识别和检索问题,又要解决零件的分类问题。在建立适合具体企业的零件编码系统时,零件编码系统应满足以下基本要求:

- 建立编码系统的目标和使用部门(设计、工艺和管理等);
- 分类编码系统所描述的信息应尽可能全面,包括企业所有产品零件的各有关特征;
- 所描述的信息应具有一定的永久性和扩充性,以适应产品更新换代和生产条件的改变,以及企业的发展;
- 在分类编码系统中,每个代码的含义应保证唯一性,即代码的"无二义性";
- 分类编码系统的结构尽量简单,便于适用。

成组技术在研究零件分类时,常采用零件族概念。可以认为,零件族是具有某些共同属性的零件集合。采用不同的相似性标准,可将零件划分为具有不同属性的零件族。根据分类的目的和要求,制订相应的相似性标准,可将零件分类以组成设计族、加工族或管理族,与工艺设计相对应的自然是零件的加工族。加工族的相似性特征是零件几何形状、加工工艺、材料、毛坯类型、加工尺寸范围,和加工精度、加工设备及工装等。

目前应用的零件分类方法主要有视检法、生产流程分析法和编码分类法。编码分类法首先要建立零件编码系统,然后将零件编码,它与预先确定的零件族特征矩阵比较后才能确定属哪一零件族。由于计算机的广泛应用,为编码分类方法的使用提供了强有力的工具。

2. 零件 GT 代码包含的信息

在开发基于 GT 的派生或半创成式 CAPP 系统时,为了确定零件所属的零件组,必须首先按编码系统对零件编制 GT 代码。零件的 GT 代码可以反映零件总体的功能、结构形状和工艺等信息,所以有时将这种零件的 GT 代码称为零件的分类标识码。正是利用零件 GT 代码这一特征综合描述代码,我们才能按结构相似和工艺相似的要求,划分出结构和工艺相似的零件族,供工艺部门按零件族制订综合工艺(也称复合工艺或标准工艺)。零件 GT 代码可以大体上定性地描述一个零件,但不能定量。

3. 计算机辅助编码

选定了零件的编码后,必须对要描述的零件进行编码。在计算机没有普遍使用之前,编码工作都是由编码人员根据编码系统用手工完成的。手工编码不仅效率低,劳动强度大,工作枯燥乏味,而且错误率比较高。采用计算机辅助编码软件自动编码,错误率可大大降低。

4. 计算机辅助零件分类

零件编码后,必须根据有关目标按相似性分类。用编码法分类,在零件分类前,首先按编码系统建立各零件族的相似特征矩阵。在确定了特征表之后,为了利用计算机自动分组,必须把特征表转换成计算机能识别的形式。运行时,将特征矩阵的每一列或每一行转为二进制数组成的字符串存入计算机。这样,零件分组时,将要分组的零件代码与所存的特征文件逐个比较,若零件的有关码位都符合某特征值,就说明该零件属于这个特征所代表的零件组,从而达到分组的目的。如果有许多零件 GT 代码要与许多特征矩阵比较,此时用人工进行就困难了,必须借助于计算机。

三、成组技术中零件组(族)的划分

为了减少现有零件工艺过程的多样性,扩大零件的工艺批量,提高工艺设计的质量,加工零件需根据其结构特征和工艺特征的相似性分类成组。目前,零件的分类成组有以下几种方法。

1. 视检法

由有经验的工艺师根据零件图样或实际零件及其制造过程,直观地凭经验判断零件的相似性,将零件分类成组。这种方法简单,作为粗分类是有效的。例如,将零件划分成回转体类、箱体类、杆件类等,但要作较细的分组就较困难。所以目前很少应用。

2. 生产流程分析法

这是一种按工艺特征相似性分类的方法。首先,可根据每种零件的工艺路线卡,列出工艺路线表;后分析、归纳、整理生产流程。生产流程分析法是一种应用很普遍的方法。

3. 编码分类法

零件经过编码,已经实现了很细的分类,但仅仅把代码完全相同的零件分为一组,则每组零件的数量往往很少,达不到扩大工艺批量的目的。实际上,代码不完全相同的零件,往往也

具有相似的工艺过程。为此,还可以采用两种方法:特征码位法和码域法。

特征码位法是选择几位与加工特征直接有关的码位作为形成零件组的依据。这几个码位就叫做特征码位。其余的码位则不予考虑。从零件的分类编码中可以发现,有一些码位表达了重要的工艺信息,而另一些码位则与工艺关系不大。例如,奥匹兹系统是以第一、六、七位表示零件类别、材料和尺寸的,应取其为特征码位。另外,第二、三、四、五这4个码位都是表示零件形状的,若皆取为特征码位,则势必分组过细,因此可根据具体情况,再选其中一位。例如,若以外形来区分,就可选用第二位码,可把一、二、六、七码位上的数据作为零件分组的特征码位,只要这几个码位上的数据相同就列为同一组。

码域法是对特征码位上的数据规定某一范围,而不是要求特征码位上的数据完全相同。例如,第一码位允许用0和1两项;第二码位允许用0、1、2、3四项;第六码位允许用0、1、2、3四项;第七码位允许用2、3、4、5、6五项。只要在上述各码位上满足所规定的允许的特征数据范围,则可划归同一零件组。

四、成组工艺过程的制订

成组工艺是以零件结构和加工工艺相似为依据,把这些零件划归为相似性零件组,从而制订出每一组的工艺规程。

成组工艺是在典型工艺基础上发展起来的,它不像典型工艺那样着眼于零件的整个工艺过程标准化,而是着眼于工艺过程和工序的相似性。成组工艺不强求零件的结构形状必须属于同一型,只要一群零件的某道工序能在同一型号设备上,采用相同的工艺装备,少量调整工作即能加工,便可归并成组,在这道工序加工,如果有多个工序具有这种相似性,则可合并为成组工艺。成组工艺设计方法有以下两种。

1. 复合零件法

复合零件法亦称为样件法,它是利用一种复合零件来设计成组工艺的方法。复合零件既可是一零件组中实际存在的某个具体零件,也可是一个实际上并不存在的人为虚拟假想零件。无论怎样,复合零件必须拥有同组零件和全部待加工的表面要素或特征。图2-41所示是复合零件法示例,包括其他3个零件的所有待加工表面的特征。由于组内其他零件所具有的待加工表面特征都比复合零件少,所以按复合零件设计的成组工艺,便能适用于加工零件组内的所有零件。即只要从成组工艺中删除某一零件所不用的工序(或工步)内容,便形成该零件的加工工艺。在图2-41中,最后一个零件工艺,只要从复合工艺中删除XJ,将C_2复制为C_1即可形成。复合零件法一般只适合不太复杂的回转零件。

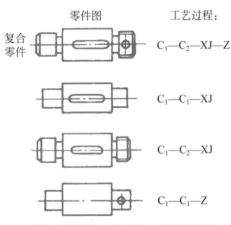

C_1 为车一端外圆;C_2 为车另一端外圆、螺纹、倒角;XJ 为铣键槽;Z 为钻径向辅助孔

图2-41 复合零件法示例

2. 复合路线法

非回转体类零件形状极不规则,所以要虚拟复合件十分困难,因此非回转体类零件一般不采用复合零件法,而改用复合路线法。复合路线法是在零件分类成组上,把同组零件的工艺过

程文件收集在一起,然后从中选出组内最复杂,也是最长的工艺路线作为加工该组零件的基本路线,再将此基本路线与组内其他零件的工艺路线相比较,并将其他零件有的,而此基本路线没有的工序按合理的顺序一一添入,便可最终得出满足全组零件要求的复合工艺。

在表 2-9 中,选第一个零件的工艺路线作为基本工艺路线。在此基础上,添加 C(车)工序,即形成全组零件的复合工艺路线。虽然复合路线法不及复合零件法直观,但两者实质是一样的。

表 2-9 复合工艺路线法示例

零件图	工艺路线
	选择代表工艺路线 X_1—X_2—Z—X
	X_1—C—Z
	X_1—X_2—Z
复合路线	X_1—X_2—C—Z—X

注:X_1 为铣一面;X_2 为铣另一面;Z 为预钻待铣槽孔或钻孔;C 为车端面及镗孔。

综上所述,对成组工艺可概括为:确定相似工序并尽可能标准化,为一组零件设计复合工艺。

4.3 装配工艺简介

任何机械均由许多零件组成,零件是机械的基本单元。机械中由若干个零件组成的具有相对独立性的一部分,称为部件。因为一般的机械结构较复杂,零件数目又多,有时还需将部件分为组件。在部件中,由若干个零件组成的且结构上有一定独立性的部分叫组件。组件可分为一级组件、二级组件。

按照规定的技术要求,将若干零件装成一个组件或部件的装配称为部装;将若干零件与部件装成一台机械的装配过程,称为总装。

1. 装配精度

机械产品设计的装配精度要求,必须根据国家标准、企业标准或其他有关的资料予以确定。我国 20 世纪 80 年代后所制订的有关机床精度标准已考虑到了与国际标准的接轨,参照

了 ISO1708-79 标准。如 GB3932~3933-83 为工作台升降和升降台铣床精度，GB4017~4022-83 为摇臂钻床、立式钻床、卧式与精密车床、卧轴矩台平面磨床精度。

机床装配精度的主要内容包括相对位置精度和相对运动精度。前者如距离精度、不同轴度、不平行度和不垂直度等；后者如溜板在导轨上的移动精度、溜板移动对主轴轴心线的不平行度等。更进一步地说，产品质量还应有机床静刚度、主轴回转精度、机床传动链精度、机床热变形、机床动态特性和机床噪声等项目。

2. 零件精度与装配精度的关系

零件的加工精度是保证装配精度的基础。一般情况下，零件的精度越高，装配出的机械质量，即装配精度也越高。例如，车床主轴定心轴颈的径向跳动这一指标，主要取决于滚动轴承内环上滚道的径向跳动精度和主轴定心轴颈的径向跳动精度。因此，要合理地控制这些有关零件的制造精度，使它们的误差组合仍能满足装配精度的要求。

零件的加工质量必须经过检验；装配前零件要仔细清洗，防止在库存与传送中锈蚀、变形及损伤等。目前装配过程中仍需要大量的手工操作，装配质量还往往依赖于装配工人的技术水平和高度的责任感。

某些要求高的装配精度项目，如果完全由零件的制造精度来直接保证，则零件的制造精度将提得很高，给零件的加工造成很大难度，甚至用现代的加工方法也无法达到。在实际生产中，希望能按经济加工精度来确定零件的精度要求，使之易于加工；而在装配时采用相应的装配方法和装配工艺，使装配出的机械产品仍能达到高的装配精度。这种情况特别在精密的机械产品装配中显得更为重要，任何先进的工业国家都不例外。装配过程中需要许多精细的钳工工作，如选配、刮削、研磨、精密计测和精心调整等。虽然增加了装配的劳动量和成本，但是从整个产品制造的全局来看，仍是经济可行的。

3. 保证装配精度的工艺方法

（1）完全互换装配法　机械零、部件经加工与检验合格后，不再经过任何选择或修整，装配起来后就能达到预先规定的装配精度和技术要求。

这种方法有以下优点：装配质量稳定可靠；装配工作较简单，生产率高；便于组织流水生产，容易实现装配工艺自动化及机械化；成本低，且有利于用户的维修和更换零配件。

（2）部分互换装配法　各零件加工尺寸的数值是彼此独立的随机变量；由独立的组成环装配形成的封闭环的数值也是一个随机变量，在采用部分互换法装配时，解装配尺寸链的方法是概率法。从加工误差的统计分析知识可知，在分析随机变量时，必须了解其误差分布曲线的性质和分散范围的大小，同时还应了解误差聚集中心，即算术平均值的位置中心。

（3）选择装配法　选择装配法是将各零件的实际加工公差放大到经济可行的程度，即把各组成环公差扩大到经济加工精度时的数值。装配时需经过合适的选择，装配相适应的零件，以保证达到原来规定的装配精度要求。

这种选择装配法常常用于装配精度要求很高，组成环环数较少的场合；适宜于大批大量的生产类型，如滚动轴承装配、发动机活塞和缸套孔的装配、活塞与活塞销的装配等。选择装配法通常有两种不同的方式。

① 直接选配法：由装配工人凭装配工作经验和必要的判断，直接从很多同批待装的各个零件中，选择合适的零件装配，即为直接选配法。

②　分组装配法：先逐一测量相配零件相关尺寸，按一定的误差间隔分成相等数目的组，然后按相应的组别分别装配，在对应组内不必再选择。

（4）修配装配法　在装配时，根据装配工作的实际需要，改变装配尺寸链中的某一组成环的尺寸，即对该环的零件尺寸补充加工，或就地配制，使封闭环达到规定精度。

4. 装配工艺的制订

制订装配工艺规程有下列任务：划分装配单元、确定装配方法、拟定装配过程与划分装配工序、计算时间定额、规定装配工序的技术要求及质量检查方法和工具，零、部件的输送方法及所需设施及工装；制订装配工艺文件；提出装配专用工具和非标准设备的设计任务书。

具体制订的内容与步骤如下。

①　熟悉产品装配图和有关零件图，明确装配技术要求和验收标准；必要的装配尺寸链的分析计算，检查所采用的装配方法是否合理。

②　绘制装配系统图：

- 将机械产品分解为可以独立装配的单元。装配单元即为各部件及组件。
- 选择确定装配基准件。通常是产品的基体或主干零、部件。
- 绘制装配系统图。

绘制方法如下：先画一条粗直线，直线右端画箭头指向装配单元的长方格；左端画上基准件的长方格；然后，粗直线的一方（如上方）将直接进入该装配单元的零件，按照装配顺序从左至右逐个画上；在粗直线的另一方（如下方），按装配顺序画上进入该装配单元直接装配的次一级的装配单元。长方格也可以画成竖直的形式。

由于机械产品结构较为复杂，零、部件就会有很多。装配系统图可以分开画成几张，即产品总装的装配系统图，各部件、组件装配系统图。如果能拼画成一张，就成为树权状的有主干、支干、次一级支干……的图形，使用也更方便，如图 2－42 所示。

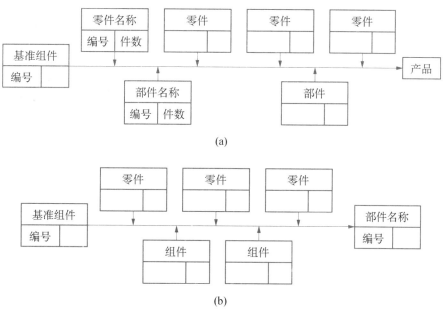

图 2－42　装配系统图

5．制订装配工序

制订装配工序与制订零件的加工工序相类同,也须根据生产类型、产品结构和现有的生产条件等综合考虑。主要有:

- 划分装配工序,确定各工序的工作内容;
- 制订各工序的操作规范,如过盈配合的压入力、变温装配的加热温度、紧固螺母的旋紧扭矩等;
- 制订各工序的装配质量要求及检测项目;
- 选择和确定装配工具与机械;
- 各装配工序的时间定额或需平衡各工序的节拍,以利实现流水生产;
- 绘制装配工艺系统图及有关文字说明;
- 填写装配工艺卡、工序卡及检验卡等。

6．产品检测和试验规范

产品总装结束后,应进行质量检测和试运行。因此,在安排装配工艺的技术性工作中,还需确定以下工作内容:检测和试验的项目及质量指标、检测和试验的条件与环境要求、检测和试验所用工装的确定、检测和试验的操作规范、质量问题分析处理方法及措施。

4.4 工艺分析与工艺管理基础

一、机械加工生产率分析基础

在机械加工中,不仅要保证达到零件设计图上提出的质量要求,而且还要达到规定的生产率要求,以保证符合零件的年生产纲领。

按照零件的年生产纲领可以确定完成一个工序所要求的单件时间 T_P,再按所订的工艺方案确定实际所需的单件时间 T_d,并通过生产率分析保证 $T_d \leqslant T_p$。

零件的年生产纲领所要求的单件时间 T_p 可按下式计算(min):

$$T = \frac{60T\eta}{N}, \tag{2-1}$$

式中,T 为年基本工时(h/y),如按两班制考虑 $T = 4\,000$ h/y;η 为设备负荷率,一般取 $0.75 \sim 0.85$;N 为零件年生产纲领,$N = Qn(1 + 2\% + 6\%)$。

(一)工序单件时间的确定

在一个工序中,实际完成一个零件的加工所需的时间,称为工序单件时间,以 T_d 表示。工序单件时间一般由下列几部分组成。

1．基本时间 T_j

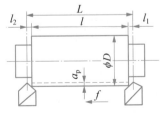

图 2-43 车削时 T_j 的计算

基本时间 T_j 是指直接用于改变工件尺寸、形状、表面质量所需的时间,对于机械加工来说,就是切除金属层所耗费的时间,也称机动时间,包括切入时间、切削时间和切出时间。基本时间可根据选定的切削用量直接计算求得。例如,对于车削,如图 2-43所示(min):

$$T_j = \frac{(l + l_1 + l_2)i}{nf},\qquad\qquad (2-2)$$

式中，$n = \frac{1\,000V}{\pi D}$，$i = \frac{Z}{a_p}$；$l$ 为加工表面长度；l_1、l_2 为切入与切出长度；D 为工件直径；V、a_p、f 为切削速度、背吃刀量与进给量；Z 为加工余量。

2. 辅助时间 T_f

辅助时间是指一道工序中完成基本工艺所需的各种辅助动作所消耗的时间，如装卸工件、开停机床、手动进刀、退刀、改变切削用量、试切和测量工件等辅助动作所耗费的时间。

生产规模不同，确定辅助时间的方法也不同，大批大量生产，可将辅助动作分解，然后按分解的动作分别查表确定，最后综合；中批生产，可根据积累的统计资料确定；单件小批生产，通常用基本时间的百分比估算。

以上基本时间与辅助时间的总和称为操作时间。

3. 工作地服务时间 T_w

工作地服务时间是指工人在工作班上照看工作地点和保持工作状态所需的时间。例如更换刀具、修整砂轮、刀具微调、清理切屑、润滑和擦拭机床、收拾工具所耗费的时间。工作地服务时间通常很难精确计算，一般按操作时间的 $2\%\sim7\%$ 估算。

4. 休息和自然需要时间 T_x

它是指照顾工人休息和自然需要所需的时间。

以上 4 部分时间的总和称为工序单件时间 T_d，即：

$$T_d = T_j + T_f + T_w + T_x。\qquad\qquad (2-3)$$

5. 准备结束时间 T_z

在成批生产中，每加工一批工件，需要一系列工作，如熟悉工艺文件、领取毛坯、材料、刀具和夹具，调整机床与其他工艺装备，归还刀具、夹具及成品等，完成上述工作所耗费的时间称为准备结束时间。但准备结束时间对一批工件只耗费一次。如工件的批量为 m。则分摊到每个工件上的准备结束时间为 T_z/m。所以单件核算时间为

$$T_h = T_j + T_f + T_w + T_x + T_z/m。\qquad\qquad (2-4)$$

在大量生产中，由于 m 很大，所以 T_z/m 很小，可以忽略不计，单件核算时间为

$$T_h = T_j + T_f + T_w + T_x。\qquad\qquad (2-5)$$

（二）提高劳动生产率的途径

1. 提高劳动生产率的工艺措施

（1）缩短基本时间　从上述基本时间的有关计算公式可知，提高切削速度、增加进给量、减少加工余量、增加切深、缩短刀具工作的行程长度，都可以减少基本时间。故高速切削和强力切削是提高机械加工劳动生产率的重要途径。例如，采用硬质合金刀具的切削速度可达 $3.4\ \text{m/s}$，陶瓷刀具可达 $8.4\ \text{m/s}$，高速滚齿可达 $V = 1.08\sim1.23\ \text{m/s}$，对于磨削，可达 $V = 60\sim 90\ \text{m/s}$，金属切除率为普通磨削的 $3\sim5$ 倍。

采用多刀、多刃或多轴机床加工，可同时加工一个零件上的几个表面。采用多件加工，使

很多工件的表面加工时间重合,从而缩短每个零件的基本时间,如图 2-44(b)所示。

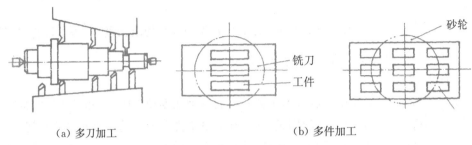

(a) 多刀加工   (b) 多件加工

图 2-44 多刀、多件加工

(2) 缩短辅助时间　如果辅助时间在单件时间中占有很大比重,则提高切削用量等来提高生产率已无显著效果。这时就必须从缩减辅助时间着手,其方法是:

① 使辅助动作实现机械化和自动化,如采用先进夹具,缩减装卸工件的时间;采用调整法以缩减试切和测量的时间;采用数显或自动测量装置以减少在加工过程中停机测量的时间;

② 使辅助时间与基本时间重叠。采用多工位夹具、多工位工作台或多轴自动机,使工件的装卸时间与基本时间重叠;也可采用两个夹具交替工作,如在外圆磨床或多刀半自动车床上,用心轴来定位加工工件时,可采用两个同样的心轴,即一个心轴在机床上加工时,另一心轴装卸工件。也可在铣削中采用多工位夹具和回转工作台。

(3) 缩减工作地服务时间　缩减工作地服务时间的主要措施是:

① 缩减刀具的调整时间和每次的换刀时间以及提高刀具和砂轮的耐用度,以增加每次刃磨和修整中所加工的零件数。

② 采用各种快换刀夹、刀具微调机构、专用对刀样板、对刀样件及自动换刀装置,以减少刀具装卸、对刀等工作所需的时间。

③ 对于车刀、铣刀可采用可转位硬质合金刀片。

(4) 缩减准备结束时间　方法有:

① 采用成组工艺,按零件的相似原理来设计夹具和布置刀具,以减少零件更换时,刀具与夹具的调整时间。

② 采用可换刀夹或刀架,即每个机床配备几个备用刀架,按照加工对象预先调整好,等待使用。这样可使工人在更换工件时迅速换刀。

③ 采用准备结束时间极少的先进设备,如液压仿形机床、数控机床等。

2. 提高劳动生产率的综合措施

(1) 改进产品的结构设计　方法有:

① 减少产品中零件的数量与重量,既减少了劳动量又节约了材料的消耗。

② 改善零件的结构工艺性,使零件便于加工且便于采用高效率的设备与工艺。

③ 尽量提高零件、部件和产品的通用化、标准化和系列化的程度,以减少设计工作量,扩大加工零件的批量,有利于采用高效率的加工方法与加工设备。

(2) 采用新工艺、新技术　主要包括:

① 采用先进的毛坯制造方法,如粉末冶金、石蜡铸造、冷挤压、爆炸成型等,提高毛坯的制

造精度,减少加工的劳动量;

② 采用机械化和自动化的先进工艺与设备,缩减工序单件时间。

(3) 改善生产组织和生产管理 采用先进的生产组织形式,如流水线、自动线生产;改进生产管理,做好各项技术准备工作,合理制订生产计划,合理调配劳动力,做好工作地服务与组织工作。

(4) 采用计算机技术 在生产中,采用计算机辅助设计、辅助制造以及计算机管理等。

二、工艺过程的技术经济分析

1. 生产成本的组成

在制订机械加工工艺规程时,在同样能满足零件加工质量的前提下,通常可以拟订出若干个不同的加工方案。但是,它们的经济性可能不相同。为了找出在给定生产条件下最为经济合理的方案,就必须对不同的工艺方案进行技术经济分析。工艺方案的技术经济分析就是比较各种方案的生产成本的多少,生产成本最少的方案就是最佳方案。

生产成本是制造一个零件(或一台产品)所必需的一切费用的总和,其组成如下:

$$
\text{生产成本}
\begin{cases}
\text{与工艺过程直接有关的费用}
\begin{cases}
\text{与年产量有关的可变费用}(V)(S_资、S_护、S_旧、S_刀、S_夹、S_材);\\
\text{与年产无关的不变费用}(C)(S_调、S_{专机}、S_{专夹})。
\end{cases}\\
\text{与工艺过程无直接关系的费用}
\begin{cases}
\text{非生产人员的开支;}\\
\text{厂房折旧及维护费;}\\
\text{照明、取暖和通风费;}\\
\text{运输费。}
\end{cases}
\end{cases}
$$

其中,$S_资$、$S_护$、$S_旧$、$S_刀$、$S_夹$、$S_材$ 分别为机床工人的工资、机床维护费、万能机床折旧费、刀具夹具维护折旧费、工件材料费;$S_调$、$S_{专机}$、$S_{专夹}$ 分别为调整工人的工资、专用机床及夹具的维护与折旧费。这种制造费用可分为与工艺过程直接有关的费用和与工艺过程无直接关系的费用两类。其中,与工艺过程直接有关的费用约占生产成本的 $70\%\sim75\%$。其余部分与工艺过程无直接关系的行政人员工资、厂房折旧、取暖和照明等,在一定生产条件下可认为是不变的。因此,对不同工艺方案的技术经济分析,只要分析与工艺过程直接有关的生产费用,即工艺成本。

2. 工艺成本的组成

工艺成本不是零件的实际成本,由可变费用 V 与不变费用 C 两部分组成。

可变费用 V 与零件(或产品)的年产量有关(元/件):

$$V = S_资 + S_护 + S_旧 + S_刀 + S_夹 + S_材;\qquad(2-6)$$

不变费用 C 与零件(或产品)的年产量无关(元):

$$C = S_调 + S_{专机} + S_{专夹}。\qquad(2-7)$$

因此,零件的全年工艺成本为

$$S_年 = VN + C;\qquad(2-8)$$

零件的单件工艺成本为

$$S_单 = V + C/N。 \tag{2-9}$$

式中，N 为零件的年产量（件/年）

由上两式可分别作出单件工艺成本和全年工艺成本与年产量的关系曲线，如图 2-45 所示。A 为单件小批生产区；B 为大批大量生产区；A、B 之间为中批生产区。年产量越大，则单件成本越低，当 $N \to \infty$，则 $S_单 \to V$。不变费用 $C_年$ 为投资定值，无论生产数量多少其值不变。$S_年$ 却随产量 N 的增加而增加，$\Delta S_年$ 与 ΔN 成正比。

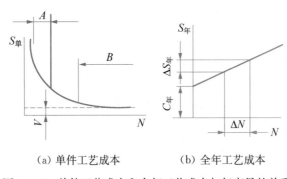

（a）单件工艺成本　　（b）全年工艺成本

图 2-45　单件工艺成本和全年工艺成本与年产量的关系

3. 工艺方案的技术经济对比

当同一零件有不同的几种工艺方案时，要选择最优的方案，就必须在经济性上对比。每一种方案都可画出 $S_单 - N$ 及 $S_年 - N$ 的关系曲线，分析对比。由于 $S_年 - N$ 为直线，作图方便，故多用 $S_年 - N$ 来进行技术经济分析。

对不同工艺方案进行技术经济对比时，一般分两种情况：

① 当两种工艺方案的基本投资比较接近，或是在采用现有设备的条件下提出工艺方案时，只要比较两方案的 $S_{年1}$ 和 $S_{年2}$。设有两种工艺方案：

$$S_{年1} = V_1 N + C_1, \quad S_{年2} = V_2 N + C_2,$$

可画出如图 2-46 所示的 $S_年 - N$ 直线。若两直线交于 C 点，当年产量 $N > N_c$ 时，第二方案较经济；若 $N < N_c$ 时，第一方案较经济。N_c 称为临界年产量，其值可通过下式计算：

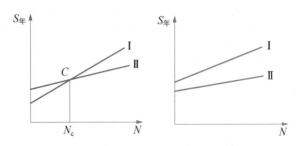

图 2-46　两种工艺方案的技术经济对比

$$N_c = \frac{C_2 - C_1}{V_1 - V_2}。 \tag{2-10}$$

若 $S_{\text{年}1}$ 永远在 $S_{\text{年}2}$ 的上方,则不论年产量如何,总是第二方案较经济。

② 当两种工艺方案的基本投资相差较大时,在考虑工艺成本的同时还需比较两种方案基本投资差额的回收期。

例如,方案 Ⅰ 采用了高生产率的价格较贵的机床设备与工艺装备,因此基本投资(K_1)大,使工艺成本($S_{\text{年}1}$)较低;而方案 Ⅱ 采用了生产率较低而价格较便宜的机床设备与工艺装备,因此基本投资(K_2)小,但工艺成本($S_{\text{年}2}$)较高。由此可见,方案 Ⅰ 的工艺成本降低是由增加基本投资得到的,在这种情况下只比较工艺成本难以评价其经济性。故必须同时比较两种不同方案基本投资的回收期。回收期是指两种方案在投资上的差额,在不考虑贷款利息的情况下,需要多长时间才能由工艺成本的降低而回收回来,回收期小的,就是经济效果好的方案。

计算回收期 τ 的公式如下:

$$\tau = \frac{K_1 - K_2}{S_{\text{年}2} - S_{\text{年}1}} = \frac{\Delta K}{\Delta S}, \qquad (2-11)$$

式中,ΔK 为基本投资差额(元);ΔS 为全年生产费用节约额(元/年)。

一般计算回收期限 τ 必须满足下列要求:

● 回收期限应小于所采用的设备或工艺装备的使用年限。

● 回收期限应小于该产品由于结构性能及国家计划安排等因素所决定的生产年限。

● 回收期限应小于国家所规定的标准回收期限。例如,使用新夹具的标准回收期限通常定为 2～3 年,使用新机床常定为 4～6 年。

三、机械加工质量分析基础

加工精度是指零件加工后的几何参数(尺寸、几何形状及相互位置)与图纸规定的理想零件几何参数的符合程度。符合程度越高,加工精度越高。所谓理想零件,对表面形状而言,就是绝对正确的圆柱面、平面、锥面等;对表面位置来说,就是指绝对平行、垂直、同轴等;对尺寸来说,是指尺寸的公差带中心。

加工误差是指零件加工以后的几何参数与理想零件几何参数的差异。差异值愈大,加工误差就愈大,加工精度就愈低。由此可见,加工精度和加工误差是从两个不同的角度来评价零件几何参数的同一事物。加工精度的高低是通过加工误差的大小来表示的。因此,保证和提高加工精度的问题,实质就是限制和降低加工误差的问题。任何加工方法,不论多么精密,都不可能将零件加工得绝对正确,总会存在一定的加工误差,只要加工误差限制在零件规定公差的范围内,就算保证了零件的加工精度要求。

零件的加工精度包括 3 方面的内容:

● 尺寸精度,如长度、高度、宽度及直径等。

● 几何形状精度,如圆度、圆柱度、平面度和直线度等。

● 位置精度,如平行度、垂直度和同轴度等。

以上 3 项精度之间是有联系的,一定的尺寸精度必须有相应的形状精度与位置精度。

在机械加工时,机床、夹具、刀具和工件构成的完整的加工系统称为工艺系统。由于工艺系统的结构、状态,以及在加工过程中的力学现象产生的误差称为原始误差。在机械加工时,

原始误差能照样、放大或缩小地反映到工件上,使工件加工后产生误差,这种误差称为加工误差。在整个工艺系统中产生加工误差的主要来源有:

● 加工原理误差。

● 工艺系统的几何误差及运动误差,包括机床、夹具、刀具的制造误差与磨损,机床、夹具、刀具和工件的安装误差,调整误差及机床的运动误差等。

● 工艺系统受力变形产生的误差。在机械加工时,工艺系统受到切削力、传动力、惯性力、夹紧力及重力等各种作用力,而引起工艺系统的变形所产生的误差。

● 工艺系统受热变形所产生的误差。

1. 加工原理误差

原理误差是由于在机械加工中,采用了近似的加工运动或采用了形状近似的刀具所产生的误差。

(1) 近似的加工运动方法所造成的误差   主要有以下两点。

① 用展成法切削齿轮:滚刀切削齿轮是利用展成原理。由于滚刀的刀刃数有限,切成的齿形不是光滑的渐开线,而是一条接近于光滑渐开线的折线,故用接近于光滑渐开线的折线来代替理想光滑的渐开线就产生了原理误差。

② 用近似的传动比加工螺纹:例如车削或磨削模数蜗杆,其导程 $t = \pi m$,其中 m 是模数,而 π 是无理数。在选用配换齿轮时,只能将 π 化成近似的小数来计算,采用了近似的传动比,即采用了近似的成形运动,因而产生了原理误差。

(2) 形状近似的刀具所造成的误差   例如滚齿时,滚刀应由渐开线基本蜗杆来制造,而在生产实际中,为使滚刀制造方便,用阿基米德蜗杆代替,即采用了近似的刀具轮廓,就产生了原理误差。

在生产实际中,采用近似的加工运动或近似的刀具,可以简化机床的结构和刀具的形状,降低制造成本,提高生产率。因此,只要原理误差在规定的技术要求范围之内,是完全允许的。

2. 机床、刀具、夹具等的制造误差和磨损

在工艺系统中,机床是基础,机床精度的高低对工件的加工精度有很重要的影响。这里着重分析对加工精度影响较大的导轨误差、主轴回转误差等。

(1) 机床导轨的几何误差   导轨是机床中确定主要部件相对位置的基准,也是主要部件的运动基准,它的各项误差将直接影响被加工的工件精度。下面以车床导轨误差为例来分析其对加工精度的影响。

① 车床导轨在水平面内的直线度误差。如图 2-47 所示,普通车床在水平面内的直线度误差,使刀尖在水平面内发生位移 ΔY,引起被加工工件在半径方向上的误差 $\Delta R = \Delta Y$,即导轨在水平面内的直线度误差将 1∶1 地反映到工件的半径上去。当车削长工件时,将会造成圆柱度误差。

② 车床导轨在垂直面内的直线度误差。普通车床导轨在垂直面内的直线度误差,将使刀尖沿工件的切向产生位移 ΔZ,由此引起工件在该处的半径方向上,产生相应的误差 ΔR,由图 2-48所示的直角三角形 $\triangle OAB$ 可得:

$$\Delta R \approx \frac{\Delta Z^2}{2R} \text{ 或 } \Delta D \approx \frac{\Delta Z^2}{R} \text{。} \tag{2-12}$$

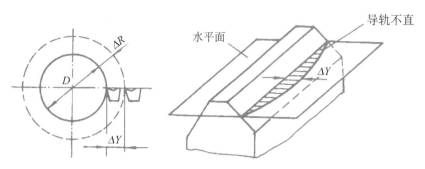

图 2‑47　车床导轨水平面内直线度误差对加工精度的影响

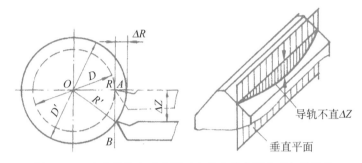

图 2‑48　车床导轨在垂直平面内的直线度误差引起的误差

ΔZ 很小，ΔZ^2 更小，一般可以忽略不计。机床导轨的直线度误差，对于不同的机床影响也不同，这主要决定于刀具与工件的相对位置。如导轨误差引起刀刃与工件的相对位移，若该位移产生在已加工表面的法线方向上，则对加工精度有直接影响。如产生在加工表面的切线方向，则对加工精度的影响可忽略不计。如图 2‑49 所示的六角车床，导轨在垂直面内的直线度误差将 1∶1 地反映到工件的半径上，而导轨在水平面内的误差影响很小，可以忽略不计。所以，一般把通过切削点的已加工表面的法线方向称为误差敏感方向。

③ 车床前后导轨在垂直平面内的平行度（扭曲度）误差。车床前后导轨在垂直面内如不平行，会使溜板在沿床身纵向移动时发生偏斜，使刀尖相对工件产生偏移。如图 2‑50 所示，当导轨倾斜产生的误差为 ΔH 时，引起工件半径上的加工误差为 ΔR，$\Delta R∶\Delta H = H∶B$，即

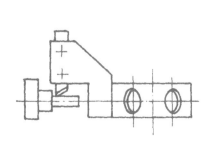

图 2‑49　六角车床刀具垂直安装

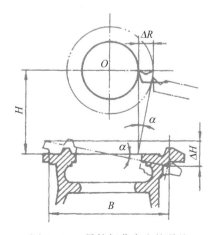

图 2‑50　导轨扭曲产生的误差

85

$$\Delta R = \Delta H \frac{H}{B}, \qquad\qquad (2-13)$$

式中，H 为车床中心高；B 为车床两导轨间的宽度。一般车床 $H \approx \frac{2}{3} B$，外圆磨床 $H = B$。因此，两导轨的扭曲对加工精度的影响也是很大的。

机床导轨的几何误差还与机床的安装及使用过程中的磨损有关。若机床安装不正确，水平调整不好，会使床身扭曲，破坏导轨原有的制造精度，影响加工精度。机床的磨损会使导轨产生直线度、扭曲度等误差，也会影响加工精度。

(2) 机床主轴回转误差　机床主轴是工件或刀具的位置基准和运动基准，它的误差直接影响工件的加工精度。在理想的情况下，当主轴回转时，其回转轴线在空间的位置是固定不动的。但实际上，由于存在制造误差和使用中一些因素的影响，使主轴的实际回转轴线对理想回转轴线产生了偏移。这个偏移量就是主轴回转误差。

① 主轴回转误差的形式及对加工精度的影响。主轴回转误差按其表现可分解为纯径向跳动、纯轴向窜动、纯角度摆动等 3 种基本形式。不同形式的主轴回转误差对加工精度的影响不同。同一形式的主轴回转误差对于不同类型的机床影响也不同。因此，要根据具体情况具体分析。因为，机床可分为工件回转类（如车床、磨床）和刀具回转类机床（如镗床）。在加工过程中，工件回转类机床切削力的方向不变，而刀具回转类机床，其切削力的方向是周期性地变化的。所以，主轴的回转误差对加工精度的影响也不同。

● 纯径向跳动：指轴线绕平均轴线作平行的公转运动，在 Z 方向和 Y 方向都有变动，如图 2-51(a) 所示。其径向跳动 Δr 使镗床镗出的孔是椭圆的，车床上车削外圆时影响很小，其车削的工件截面接近于真圆。对于外圆磨床，由于采用死顶尖，避免了主轴回转误差对工件的影响，而砂轮架主轴的回转误差则会引起工件的棱圆度与波度误差。

● 纯轴向窜动：指回转轴线沿平均回转轴线在轴向位置的变化，如图 2-51(b) 所示。纯轴向窜动对内外圆加工没有影响，但加工端面时会与内、外圆表面不垂直，且端面与轴线的垂直度误差随切削直径的减小而增大。加工螺纹时，轴向窜动会产生螺距周期误差。

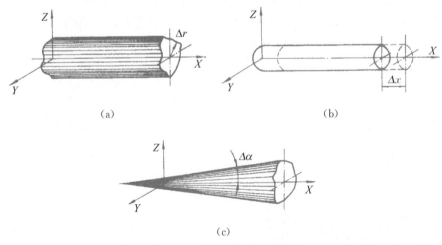

(a)　　　　　　　　(b)

(c)

图 2-51　主轴回转误差的形式

● 纯角度摆动：主轴瞬时回转轴线对平均轴线做倾斜角度的公转运动，但其交点位置固定不变。如图 2-51(c)所示，角度摆动误差 $\Delta\alpha$，主要影响工件的形状精度。

② 产生主轴回转误差的原因：

● 纯径向跳动：主轴的纯径向跳动误差主要来源于轴承误差（滑动轴承内孔的圆度误差，滚动轴承内外环滚道的圆度误差、波度、轴承滚子尺寸误差、圆度误差、轴承的间隙）、主轴轴颈的圆度误差；

● 纯轴向窜动：轴向窜动主要来自主轴上与箱体上的止推端面与轴线不垂直以及波度误差，止推轴承两滚道与主轴轴线不垂直和波度误差，滚动体的尺寸误差、圆度误差，以及预紧滚动轴承的螺母、垫片等零件的端面与轴线不垂直，或端面与端面间不平行；

● 纯角度摆动：主要是主轴前后轴承分别存在偏心 e_1 和 e_2，且大小不一，又不在同一方向上。

③ 减少主轴回转误差影响的措施。设计与制造高精度的主轴部件；利用高速运动的系统动平衡；使回转误差不反映到被加工的工件上，即采用工件的定位与运动传递分开的结构。例如磨外圆，工件采用死顶尖；镗箱体上的孔系，采用镗模镗孔，主轴与镗杆采用浮动连接；磨削机床主轴前端的锥孔，工件与机床主轴间用弹性连接，主轴只起传动作用，以减小主轴回转误差对加工精度的影响。

（3）传动链误差　对于某些加工方式，如加工螺纹、滚齿、插齿、磨齿等，为了保证加工精度，必须要求刀具与工件之间有正确的速比关系。例如车螺纹，要求工件转一转，刀具移动一个导程；用单头滚刀滚齿时，要求滚刀转一转，工件转过一个齿。这种成形运动的速比关系，是由机床传动链来保证的。

传动链误差是指内联系的传动链中，首末两端传动元件之间相对运动的误差，它是齿轮、螺纹、蜗轮及其他展成加工中，影响加工精度的主要因素。传动链误差是由于传动链中传动元件的制造误差、装配误差以及使用过程中磨损引起的误差。各传动元件在传动链中的位置不同，影响也不同，其中末端元件的误差对传动链的误差影响最大。各传动元件的转角误差将通过传动比反映到工件上。若传动链是升速传动则传动元件的转角误差将扩大；反之，降速传动则转角误差将缩小。减小传动链误差对加工精度的影响，可以采取下列措施：

● 减少传动链中传动元件的数量，缩短传动链以减少误差的来源。

● 提高传动元件，特别是末端件的制造与装配精度。

● 在机床传动系统设计中，采用降速传动，这样传递系数小，对提高传动精度是有利的。

● 消除传动链间的间隙。

● 采用误差补偿来提高传动链精度。

3. 工艺系统受力变形及其对加工精度的影响

（1）切削力大小变化对加工精度的影响　加工毛坯余量或材料硬度很不均匀的工件时，毛坯余量或材料硬度的变化，会引起切削力大小的变化。工艺系统受力变形，产生工件的形状误差或表面间的同轴度误差。

如图 2-52 所示为车削有椭圆形误差的毛坯，刀尖调整到要求尺寸的虚线位置，在工件每转一转的过程中，切削

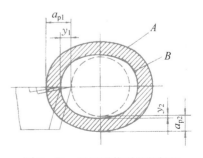

图 2-52　毛坯形状误差的复映

深度将发生变化。最大切深为 a_{p1}，最小切深为 a_{p2}。假设毛坯材料的硬度是均匀的，那么在 a_{p1} 处的切削力 F_{y1} 最大，相应的变形 y_1 也最大；a_{p2} 处 F_{y2} 最小，y_2 也最小。这是由于工艺系统受力变形的变化，使毛坯的椭圆度误差就复映到加工后的工件上，这种现象称为误差复映。毛坯最大误差 $\Delta_{坯} = a_{p1} - a_{p2}$，车削后工件上最大误差 $\Delta_{工} = y_1 - y_2$。而

$$y_1 = \frac{F_{y1}}{K_{系}}, \quad y_2 = \frac{F_{y2}}{K_{系}} \tag{2-14}$$

由切削原理可知，切削分力 $F_y = \lambda C_F a_p f^{0.75}$。式中 $\lambda = \dfrac{F_y}{F}$，一般取 $\lambda = 0.4$，C_F 为与工件材料及刀具几何角度有关的系数，则

$$\Delta_{工} = y_1 - y_2 = \frac{\lambda C_F f^{0.75}}{K_{系}}(a_{p1} - a_{p2}), \quad \varepsilon = \frac{\Delta_{工}}{\Delta_{坯}} = \frac{\lambda C_F f^{0.75}}{K_{系}}。 \tag{2-15}$$

ε 称为误差复映系数，它定量地反映了毛坯误差经加工后减少的程度。ε 是一个小于 1 的正数，ε 越小，毛坯复映到工件上的误差也越小，从式中可看出减小 C 及增大 $K_{系}$ 都能使 ε 减小。

如果一次走刀不能消除误差复映的影响时，可采用二次或多次走刀。设每次走刀的复映系数为 ε_1、ε_2、ε_3、$\cdots$、ε_n，则总的误差复映系数

$$\varepsilon_{总} = \varepsilon_1 \varepsilon_2 \varepsilon_3 \cdots \varepsilon_n。 \tag{2-16}$$

在粗加工时，每次走刀的进给量 f 一般不变，因此 n 次走刀就有

$$\varepsilon_{总} = \varepsilon_1^n。 \tag{2-17}$$

由于误差复映系数 ε 总小于 1，经多次走刀后，加工误差也就很快达到允许的范围之内。

（2）夹紧力引起的加工误差　对于刚性较差的零件，若施加的夹紧力不当（作用点的位置或大小不当），会引起工件的夹紧变形，从而使工件加工后产生误差。如图 2-53 所示加工连杆大头处孔时，由于夹紧力的作用点不当，连杆夹紧变形，加工后两孔中心线不平行，与端面不垂直。

（3）惯性力和重力引起的加工误差　高速旋转着的机床零件、夹具和工件等的不平衡，会产生离心惯性力。该力的方向在回转一圈中是变化的，使离心力在 Y 方向的分力也发生变化，其影响与传动力相类似。当惯性力大于切削力时，影响就更大。可在不平衡重量的反向上加一配重，抵消原有的离心惯性力，必要时也可降低转速以减小离心惯性力的作用。

由于机床部件或工件的移动，其重力的作用点的位置发生变化，引起工艺系统的弹性变形变化，引起工件的加工误差。如大型立车，龙门刨、龙门铣等，主轴箱或刀架在横梁上移动时，由于主轴箱重力的作用，横梁的变形两头小、中间大。加工表面产生凹形的平面度误差，如图 2-54 所示。

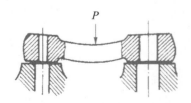 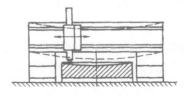

图 2-53　夹紧力不当引起的加工误差　　　　图 2-54　机床部件重力引起的加工误差

（4）减少工艺系统受力变形的主要措施　减少工艺系统的受力变形,是机械加工中保证产品质量和提高生产率的主要途径之一。根据生产实际,一般可采用以下几方面的措施。

① 设计合理的结构。在设计工艺装备时,应尽量减少连接面的数量,注意刚度匹配,防止有局部低刚度薄弱环节出现。设计基础件、支承件时,应合理选择零件的结构和截面形状。一般来说,在截面积相等时,空心截形比实心截形刚度高,封闭截形比开口截形好。在适当的部位增添加强筋也有良好的效果。

② 提高接触刚度。提高主要零部件接触面的配合质量,增大实际接触面积。如机床导轨的刮研,多次研磨精密零件的顶尖孔等。另一方法是预加载荷,如机床主轴组件中轴承的预紧。这样不但消除了配合面间的间隙,而且还增大了配合表面的实际接触面积,提高了接触刚度。

③ 设置辅助支承提高工件、刀具或部件的刚度。在加工中设置辅助支承能提高工艺系统的刚度,如车细长轴采用中心架或跟刀架来提高工件的刚度。图 2 - 55 所示是利用装在主轴孔中的导套来提高刀架在加工时的刚度。

④ 采用合适的装夹方式。例如,在卧式铣床上铣削角铁形零件,如按图 2 - 56(a)所示装夹,工件不稳,加工时刚度低。如改用(b)图所示的方法装夹,则刚度可大大提高,所以采用合适的装夹方式可提高装夹刚度。特别是刚度差的零件更应注意。

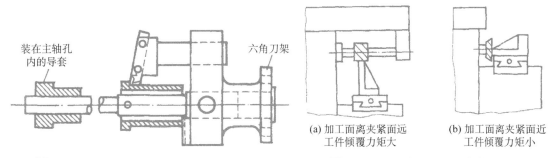

装在主轴孔内的导套　　　　　　六角刀架

(a) 加工面离夹紧面远　　(b) 加工面离夹紧面近
工件倾覆力矩大　　　　工件倾覆力矩小

图 2 - 55　在六角车床上提高刀架刚度的措施　　　图 2 - 56　改变装夹方式提高装夹刚度

4. 工艺系统的热变形及其对加工精度的影响

（1）几个基本概念　热变形相关的基本概念有:

① 热变形:工艺系统受到各种热的影响而产生温度变形。这种变形将破坏刀具与工件的正确几何关系和运动关系,造成加工误差。

② 工艺系统的热源:分为内部热源（切削热、磨擦热）、外部热源（环境温度、各种辐射热）。

③ 热传递:有导热、对流、辐射传热 3 种方法。

④ 工艺系统的热平衡温度场:物体中各点温度的分布称为温度场。

（2）工件热变形对加工精度的影响　使工件产生热变形的热源,主要是切削热。对于精密零件,周围环境温度和局部受到日光等外部热源的辐射热也不容忽视。

工件比较均匀地受热时,为了避免工件粗加工时热变形对精加工时加工精度的影响,在安排工艺过程时应尽可能把粗、精加工分开在两个工序中,以使工件粗加工后有足够的冷却时间。

工件不均匀地受热,如铣、刨、磨平面时,除在沿进给方向有温度差外,更重要的是,工件只是在单面受到切削热的作用,上下表面间的温度差将导致工件向上拱起,加工时中间凸起部分被切去,冷却后工件变成下凹,造成误差。

(3) 刀具热变形对加工精度的影响 刀具热变形主要是由切削热引起的。为了减少刀具的热变形,应合理选择切削用量和刀具几何参数,并给以充分冷却和润滑,以减少切削热,降低切削温度。

(4) 机床热变形对加工精度的影响 机床在工作过程中,受到内外热源的影响,各部分的温度将逐渐升高。机床空运转时,各运动部件产生的摩擦热基本不变。机床类型不同,其内部主要热源也各不相同,热变形对加工精度的影响也不相同。

减少工艺系统热变形对加工精度影响的措施主要有:

① 减少热源的发热和隔离热源。工艺系统的热变形对粗加工加工精度的影响一般可不考虑,而精加工主要是为了保证零件加工精度,工艺系统热变形的影响不能忽视。

② 均衡温度场。

③ 采用合理的机床部件结构及装配基准。

④ 采用热对称结构。在变速箱中,将轴、轴承、传动齿轮等对称布置,可使箱壁温升均匀,箱体变形减小。

⑤ 合理选择机床零部件的装配基准。

⑥ 加速达到热平衡状态。

(5) 控制环境温度 精密机床特别是大型机床,达到热平衡的时间较长。为了缩短这个时间,可以在加工前,使机床高速空运转,或在机床的适当部位设置控制热源,人为地给机床加热,使机床较快地达到热平衡状态。

5. 工件内应力引起的变形

内应力是指外部载荷去除以后,仍残存在工件内部的应力,也叫残余应力。具有内应力的工件,内部组织有强烈地要恢复到没有应力的状态。在内应力变化过程中,工件将发生复杂的变形,丧失原有的加工精度。因此,为了保证加工精度,特别是精度要求高的零件,必须采取措施消除内应力。内应力产生的原因有以下几点:

(1) 在毛坯制造过程中产生内应力 在铸、锻、焊等毛坯制造过程中,由于工件各部分热胀冷缩不均匀,以及金相组织的变化,工件内部产生很大的内应力。毛坯结构越复杂,壁厚越不均匀,产生的内应力就越大。例如图 2-57 所示的机床床身,浇铸后上下表面冷却快,内部冷却慢,故在床身表面残存压应力,内部残存拉应力。此时内应力处于平衡状态。当导轨表面经加工刨去一层金属后,就破坏了平衡,内应力将重新分布,转变到新的平衡状态,使床身产生明显的变形。

(2) 切削加工中产生的内应力 工件在切削加工中,由于切削热和切削力的作用,工件表层产生冷、热塑性变形和金相组织的变化,表层产生内应力。

(3) 工件热处理时产生的内应力 热处理时,由于金相组织的变化或加热时工件各部分受热不均匀,产生内

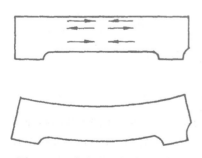

图 2-57 床身内应力引起的变形

应力。

（4）工件冷校直时产生的内应力 细长轴类零件，如丝杆、光杆等在加工或搬运过程中很容易弯曲变形，为了纠正这种变形常采用冷校直。校直的方法是在弯曲的反方向上施加一外力 P，如图 2-58(a) 所示。在外力 P 的作用下，工件内应力的分布如图 2-58(b) 所示。上部为压应力，下部为拉应力。当应力超过弹性极限时，将产生塑性变形。

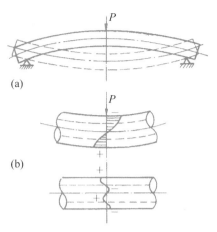

图 2-58 冷校直引起的内应力

在轴心线的两条虚线之间为弹性变形区，虚线之外为塑性变形区。当外力 P 去除后，内层弹性变形后要恢复，外层塑性变形阻止内层恢复，使应力重新分布，达到新的平衡状态。这时，工件内部就残存了内应力。冷校直虽然减少了弯曲，但由于工件内残存了内应力，再加工又将引起新的弯曲变形。因此，高精度的零件不允许冷校直，最好热校直。

四、机械加工误差的综合分析基础

前面分析了加工误差的各主要因素，并提出了一些保证加工精度的措施。但从分析方法来讲，是局部的、单因素的。实际生产中，影响加工精度的因素往往是错综复杂的，有的很难用单因素的分析方法来寻找因果关系。因此，需要用数理统计的方法综合分析。

（一）机械加工误差的性质

按其加工一批工件所出现的规律来看，单因素误差可分为系统性误差与随机误差两大类。

（1）系统性误差 顺次加工一批工件，若误差的大小和方向保持不变，或按一定规律变化，即为系统性误差。前者称为系统性常值误差，后者称为系统性变值误差。

机床、刀具、夹具、量具的制造误差，调整误差都属于系统性常值误差，与加工顺序（或加工时间）没有关系。机床和刀具的热变形、刀具的磨损等都随加工顺序（加工时间）有规律地变化的，属于系统性变值误差。

（2）随机性误差 顺次加工一批工件，若误差的大小和方向是不规律地变化的（时大时小，时正时反），称为随机性误差。如毛坯的误差复映、夹紧误差、内应力等引起的误差，都是随机性误差。但是应用数理统计的方法，可以找出一批工件的总体规律。

以上将加工误差分为系统性误差与随机性误差是相对的，随着科学技术的进步、产品质量的提高以及人们认识的不断深化，某些随机性误差也可能转化为系统性误差。

（二）机械加工误差的数理统计方法

加工误差的统计分析法，是以生产现场中工件实际测量数据为基础，应用概率论和数理统计的方法，分析一批工件的误差情况，找出误差的性质和产生的原因，以便提出解决问题的方法。

常用的统计分析法主要有正态分布曲线法和控制图法。

1. 正态分布曲线法

加工一批工件，由于各种误差因素的影响，加工后工件实际尺寸数值不会完全一致，这种现象称为尺寸分散。最大尺寸与最小尺寸之差称为分散范围。如果将这些数据画成统计曲

线,接近于正态分布。下面以精镗活塞销孔工序为例,介绍统计曲线的绘制方法。

在精镗活塞销孔后的工件中,抽取其中 100 件,图纸规定销孔直径为 $\phi 28_{-0.015}^{0}$ mm,测量其直径可得到 100 个数据,数据按其大小分组,每组的尺寸间隔(称为组距)取 0.002 mm,并将上述数据列入表 2-10 中。n 表示所测工件(样本)的总数。同一组中的工件数 m,称为频数,频数与样本总数 n 之比 $\left(\dfrac{m}{n}\right)$ 称为频率。

表 2-10　活塞销孔直径测量结果

组别	尺寸范围/mm	中点尺寸/mm	组内工件数 m	频率比 m/n
1	27.992~27.994	27.993	4	4/100
2	27.994~27.996	27.995	16	16/100
3	27.996~27.998	27.997	32	32/100
4	27.998~28.000	27.999	30	30/100
5	28.000~28.002	28.001	16	16/100
6	28.002~28.004	28.003	2	2/100

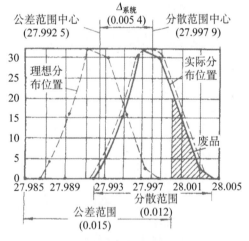

图 2-59　活塞销孔直径尺寸分布图

以每组工件尺寸的中间值(中值)为横坐标、频率(频数)为纵坐标,将各组的频率画在图上,就得到一组点,连接起来,便可得出图 2-59 所示曲线,称为实际分布曲线。在图上标出工件的公差分布范围、公差带中心和分布中心,便可进行质量分析。

分散范围 = 最大孔径 - 最小孔径 = 28.004 - 27.992 = 0.012(mm);

分散中心 = $\dfrac{\sum mx}{n}$ = 27.997 9(mm);

公差范围中心 = $28 - \dfrac{0.015}{2}$ = 27.992 5(mm)。

从画出的实际分布曲线可看出:

● 分散范围小于公差带即 0.012 < 0.015(mm),表明本工序能满足加工要求,即不会有废品出现。

● 图中有部分工件已超出公差范围(带阴影部分,约占 18%)成为废品。其原因是尺寸分散中心与公差带中心不重合,表明系统中存在系统性常值误差,其值为 27.997 9 - 27.992 = 0.005 4(mm),将镗刀的伸出量减小 0.005 4 mm 的一半,就能使尺寸分散中心与公差带中心重合,出废品的问题便可解决。

若尺寸间隔减小,工件数量增加,则所得的曲线的极限情况接近于图 2-60 所示的正态分布曲线。在研究加工误差时,常用正态分布曲线来近似地代替实际分布曲线,这样可使分析问

题的方法大为简化。正态分布曲线的方程式为

$$y = \frac{1}{\sigma\sqrt{2\pi}} \cdot e^{-\frac{1}{2}\left(\frac{x-\bar{x}}{\sigma}\right)^2}, \quad -\infty < x < +\infty, \ \sigma > 0,$$

$$(2-18)$$

式中，x 为工件尺寸(分布曲线的横坐标)；$\bar{x}$ 为加工一批工件的

平均尺寸(分散范围中心)，$\bar{x} = \dfrac{\left(\sum\limits_{j=1}^{n} x_j\right)}{n}$；$\sigma$ 为一批工件的均方

根偏差，$\sigma = \sqrt{\dfrac{\sum\limits_{j=1}^{n}(x_j - \bar{x})^2}{n}}$；$n$ 为工件总数(工件数应足够多，

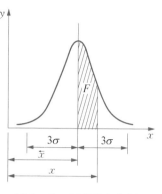

图 2-60　正态分布曲线

如 $n = 100 \sim 200$)。

方程式中的参数 $\bar{x}$ 决定分布曲线的位置。它决定一批工件尺寸分散中心的坐标位置。在系统性常值误差的影响下，整个曲线沿横坐标移动，但不改变曲线的形状。均方根偏差 σ 决定分布曲线的形状及分散范围。当 σ 增大时，y 减小，曲线变得平坦；σ 减小时，y 增大，分散范围变小，表明工件尺寸集中，加工精度高。

① 正态分布曲线的特点：

● 曲线呈钟形，中间高，两边低，表明工件尺寸靠近 $\bar{x}$ 的频率较大，远离 $\bar{x}$ 的工件尺寸是少数；

● 曲线以 $x = \bar{x}$ 的直线为轴左右对称。表明工件尺寸大于 $\bar{x}$ 及小于 $\bar{x}$ 的频率是相等的；

● 曲线下与 x 轴所包含的面积为 1。曲线在对称轴的 $\pm 3\sigma$ 范围内所包含的面积为 99.73%，在 $\pm 3\sigma$ 以外只占 0.27%，可以忽略不计。因此，一般都取正态分布曲线的分散范围为 $\pm 3\sigma$。$\pm 3\sigma$ 是一个很重要的概念，它代表某种加工方法在一定条件下所能达到的加工精度。所以，一般情况下应使所选择的加工方法的均方根偏差 σ 与工件公差带的宽度 T 之间，满足下列关系：

$$6\sigma \leqslant T \text{。}$$

$$(2-19)$$

② 正态分布曲线的应用：

● 可利用分布曲线查明工序精度，确定工艺能力系数，进行工艺验证。工艺能力系数 C_p 可用下式计算：

$$C_p = T/6\sigma \text{。}$$

$$(2-20)$$

工艺能力系数表示了工艺能力的大小，表示某种加工方法和加工设备能否胜任零件所要求的加工精度的能力。如果 $C_p > 1$，说明公差带大于分散范围，该工序具备了保证精度的必要条件，且有余地。$C_p = 1$ 时，表明工序刚刚满足加工精度，但受调整等系统性常值误差的影响，也会产生不合格品。$C_p < 1$，说明公差小于尺寸分散范围，将产生一定数量的不合格品。

因此，可利用工艺能力系数 C_p 的大小来进行工艺验证。根据工艺能力系数的大小，可将工艺分为 5 个等级，见表 2-11。

表 2 - 11　工艺等级

工艺能力系数值	工艺等级名称	说　　明
$C_p > 1.67$	特级工艺	工艺能力过高,可以允许有异常波动,或作相应考虑
$1.67 \geqslant C_p > 1.33$	一级工艺	工艺能力足够,可以有一定的异常波动
$1.33 \geqslant C_p > 1.00$	二级工艺	工艺能力勉强,必须密切注意
$1.00 \geqslant C_p > 0.67$	三级工艺	工艺能力不足,可能出少量不合格品
$0.67 \geqslant C_p$	四级工艺	工艺能力很差,必须加以改进

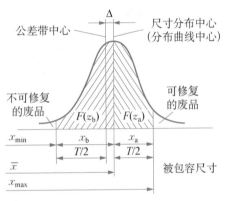

图2 - 61　利用分布曲线计算合格率和废品率

● 可计算一批零件加工后的合格率和废品率。

利用正态分布曲线,可计算在一定生产条件下,工件加工后的合格率、废品率、可修废品率和不可修废品率。如图 2 - 61 所示,在曲线下面公差带 T 范围内的面积(画阴影部分)代表合格率。当加工外圆时,图左边的空白部分为不可修复的废品,右边空白部分为可修复的废品。加工孔时,则恰好相反。

分布曲线下的面积可用积分方法求得:

$$F = \frac{1}{\sigma\sqrt{2\pi}} \int_{x_1}^{x_2} e^{-\frac{1}{2}\left(\frac{x-\bar{x}}{\sigma}\right)^2} \mathrm{d}x。 \quad (2-21)$$

令 $z = \dfrac{|x-\bar{x}|}{\sigma}$,则有 $\varphi(z) = \dfrac{1}{\sqrt{2\pi}} \int_0^z e^{-\frac{z^2}{2}} \mathrm{d}z$。

$$(2-22)$$

图中,

$$\varphi(z_a) = \frac{1}{\sqrt{2\pi}} \int_0^{z_a} e^{-\frac{z_a^2}{2}} \mathrm{d}z,\ \varphi(z_b) = \frac{1}{\sqrt{2\pi}} \int_0^{z_b} e^{-\frac{z_b^2}{2}} \mathrm{d}z,$$

总合格率 $F = \varphi(z_a) + \varphi(z_b)$。

因此,只要求出 z 值便可计算出概率 $\varphi(z)$。各种不同 z 值的 $\varphi(z)$ 可查表。

● 可进行误差分析。可从分布曲线的形状、位置来分析各种误差产生的原因。例如,分布曲线的中心与公差中心不重合,说明加工中存在系统性常值误差,其大小等于分布曲线中心与公差带中心之间的差值。

③ 运用分布曲线研究加工精度时存在的问题:

● 分布曲线只能在一批零件加工完毕后才能画出,故不能在加工过程中去分析误差发展的趋势和变化规律,不能主动控制加工精度;

● 由于分布曲线是在一批零件加工完成后才画出,因此如发现问题,则对该批零件已无法采取措施,只能对下一批零件的加工起作用。

2. 控制图法

控制图又称点图,有逐件点图、逐组点图和 $\bar{x}$ - R 图等几种形式。在生产中常见的是 $\bar{x}$ - R

图(均值-极差图),由 $\bar{x}$ 图和 R 图一起组成。

(1) $\bar{x}$ - R 图的绘制方法

① 按一定的时间间隔或工件数量,连续抽取 $m(2\sim10)$ 个工件为一个样组,抽取 $n(20\sim30)$ 个样组,这样按加工先后顺序,共抽取 $N=n\times m$ 个工件。再依次测量它们某项质量特性值,得到数据: $x_{ij}(i=1,2,\cdots,n;j=1,2,\cdots,m)$。

② 计算各组的平均值 $\bar{x}_i$ 及极差 R_i:

$$\bar{x}_i = \frac{1}{m}\sum_{j=1}^{m}X_{ij};\qquad\qquad\qquad (2-23)$$

$$R_i = X_{i\max} - X_{i\min}。\qquad\qquad\qquad (2-24)$$

③ 以组号为横坐标,分别以 $\bar{x}$ 和 R 为纵坐标,将求得的各组的平均值 $\bar{x}_i$ 和极差 R_i 按组序号依次标在 $\bar{x}$ 和 R 图上,然后将各点连接起来得到 $\bar{x}$ - R 图。

④ 用实线在 $\bar{x}$ - R 图中画出中心线 $\bar{x}$ 和 $\overline{R}$,再用虚线标出控制线。图中各中心线及控制线的位置可按下列公式计算:

$\bar{x}$ 图中心线
$$\bar{x} = \frac{1}{n}\sum_{i=1}^{n}\bar{x}_i;\qquad\qquad\qquad (2-25)$$

R 图中心线
$$\overline{R} = \frac{1}{n}\sum_{i=1}^{n}R_i;\qquad\qquad\qquad (2-26)$$

$\bar{x}$ 图的上控制线
$$K_s = \bar{x} + A\overline{R};\qquad\qquad\qquad (2-27)$$

$\bar{x}$ 图的下控制线
$$K_x = \bar{x} - A\overline{R};\qquad\qquad\qquad (2-28)$$

R 图的上控制线
$$K_s = D\overline{R}。\qquad\qquad\qquad (2-29)$$

式中,系数 A 和 D 可按表 2 - 12 选取。

表 2 - 12　系数 A 和 D 的值

每组个数 m	A	D
4	0.73	2.28
5	0.58	2.11

(2) $\bar{x}$ - R 图的应用

① 利用 $\bar{x}$ - R 图可判断工艺过程的稳定性。工艺过程的稳定性用 $\bar{x}$ 和 R 两个统计参数来表征,稳定的工艺过程 $\bar{x}$ 和 R 只有正常波动。正常波动是随机的,且波动幅值不大。不稳定的工艺过程存在异常波,控制图中 $\bar{x}$、R 有明显的上升或下降趋势,或有很大的波动,或有点超出控制线。

② 用以显示 $\bar{x}$ 和 R 的大小和变化情况。从 $\bar{x}$ - R 图上可以观察出变值系统误差和随机误差的大小和变化情况。如图 2 - 62 所示,$\bar{x}$ 有明显上升的趋势,说明系统中存在变值系统误差。

利用点图法可以在加工过程中控制精度,防止废品的产生。采用定时检验法可以节省人力物力,比分布曲线要优越一些,但也有缺点。因此,在生产过程中进行加工误差的统计分析

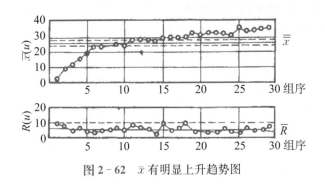

图 2-62 $\bar{x}$ 有明显上升趋势图

时,常将分布曲线法与点图法结合起来一起应用。

加工误差统计分析,除了介绍的正态分布曲线法、控制图法外,还有相关分析法。它主要研究加工过程中某些误差之间的关系。

五、提高加工精度的工艺措施

1. 误差预防技术

预防误差的方法有:

● 合理采用先进工艺与设备。这是保证加工精度的最基本方法。

● 直接减少原始误差法。这也是在生产中应用较广的一种基本方法。它是在查明影响加工精度的主要原始误差因素之后,设法将其直接消除或减少。

● 转移原始误差。把影响加工精度的原始误差转移到不影响(或少影响)加工精度的方向或其他零部件上去。

● 均分原始误差。

● 均化原始误差。

● 就地加工法。要点是:要保证部件间什么样的位置关系,就在这样的位置关系上利用一个部件装上刀具去加工另一部件。

2. 误差补偿技术

生产中发展了所谓积极控制的误差补偿法。积极控制有 3 种形式:

① 在线检测:在加工中随时测量出工件的实际尺寸(形状、位置精度),随时给刀具以附加的补偿量以控制刀具和工件间的相对位置。这样,工件尺寸的变动范围始终在自动控制之中。

② 偶件自动配磨:这种方法是将互配件中的一个零件作为基准,去控制另一个零件的加工精度。

③ 积极控制起决定作用的误差因素:在某些复杂精密零件的加工中,当无法对主要精度参数直接在线测量和控制时,应该设法控制起决定作用的误差因素,并把它掌握在很小的变动范围以内。

六、机械加工工艺管理基础

工艺是设计和制造的桥梁,产品从设计变为现实必须通过加工才能完成。工艺是制造技术的关键,设计的可行性往往会受到工艺的制约。因此,工艺方法及其水平是十分重要的。工艺和管理紧密结合,形成一个整体,以适应市场经济发展的需求,是当前制造技术的发展方向。

将设计、工艺和管理结合起来,就形成广义制造论的概念。因此,工艺管理技术的发展就成为我国实现先进制造 2025 目标的当务之急。

（一）工艺管理工作的意义

1. 工艺工作是科学技术转变为生产力的实践过程

科学技术转化为生产力,一定要通过工艺技术、工艺装备、工人的操作技能以及包括工艺管理在内的工艺工作来实现。

先进的工艺技术是科学成果物化的结果。机械制造业是科学成果的一个主要应用领域,其重要表现就是,许多科学成果都是物化为先进的工艺技术而进入实用阶段,并在生产中推广,从而促进了制造业的技术进步。

工艺装备的水平既反映了科学的水平,又代表了生产力的水平,是制造业发展的基础和技术实力的一种具体体现。科学技术的发展,使工艺装备更加精密、高效,机械化、自动化程度越来越高。可见,科学技术物化为工艺装备之后,对生产力的发展将产生巨大的威力。

劳动者的技能是科学物化为生产力的第三种形式,即通过教育和培训使科学物化为劳动者的技能。人是生产力诸要素中最活跃、最基本的因素,起决定性作用,一切物的因素都必须通过人的因素,即通过劳动者的体力和智力,运用技能,才能并入生产过程,构成现实的生产力。尤其在知识经济时代的今天,用先进的科学技术武装人的头脑是极其重要的。

科学提高包括工艺管理在内的企业管理水平,转化为生产力管理具有两重性,既具有上层建筑(生产关系)的性质,又具有生产力的性质。管理就是运用科学方法,使生产力中各种因素加以综合,从而提高企业的经济效益。

2. 工艺工作是制造业的基础

制造业向国民经济各部门提供装备,就要解决制造什么和怎样制造两大问题。一方面根据社会需求开发产品,另一方面要解决用什么生产资料、方法和手段制造出用户需要的产品。马克思在《资本论》中曾指出,各个经济时代的区别,不在于生产什么,而在于怎样生产,用什么劳动工具生产。这就从理论上阐明了工艺工作对生产发展和社会进步的重要作用。

工艺技术是新产品开发和老产品更新换代的重要技术,保证先进、合理的工艺技术,是产品发展的前提条件。先进的设计可以促进工艺技术的开发,而先进工艺技术的开发和储备,又可为设计水平的提高创造条件。在产品和技术的引进工作中,样机、设计图样是可以买到的,但工艺技术和成分配方等是很难得到的。尤其是制造技术的关键、诀窍,更是保密的。因此,这些技术难点往往就成为国产化的关键。

工艺水平是影响产品质量的主要原因。实践表明,产品存在大量质量问题,往往是由于工艺落后和工艺管理不善和工艺纪律松弛导致的。工艺技术的每项重大进展和应用,会显著提高产品的质量,是生产发展的主要动力。据国外资料介绍,劳动生产率的提高,60%～80%是靠采用先进的工艺技术和管理技术而实现的。

（二）工艺管理与企业管理

1. 工艺管理是企业管理的重要组成部分

（1）泰勒制　19 世纪末到 20 世纪初,出现了"科学管理"理论,其创始人是美国的泰勒,从分析工人的操作过程入手,研究了工艺过程中动作与时间的关系,以谋求最高的工作效率,确立了泰勒制。它分为作业管理和组织管理两大方面。

① 作业管理的主要内容：

● 用制度化、科学化的作业方法把工人在实践中积累起来的大量传统的知识和经验，收集、记录、归纳成规律、规则，以代替单凭工人自身经验作业的方式。

● 按照标准的操作方法培训工人，尽可能使工人承担力所能及的工作，以发挥最大作用。

● 制订标准的工作定额，根据每个工人完成的工作定额支付工资。

② 组织管理的主要内容：

● 把管理职能与作业职能分开，使管理工作专业化。

● 把整个管理工作划分为许多较小的管理职能，建立集权的职能部门，决策权集中于最高层，而日常事务权分散到下级管理人员。

由此可见，泰勒制的作业管理和我们工艺管理的含义与内容相同，是企业管理中的基本管理工作。

（2）工艺管理的属性　　产品生产过程的实质是在机器、先进技术基础上，自觉运用自然科学规律，不断地把新的科学技术成果应用到生产中去，并按照一定的生产程序来改造自然的技术过程。工艺管理就是管理这一技术过程的重要组成部分，是生产系统的重要内容，是企业管理系统中的一个重要、繁杂、联系面极广的子系统。

2. 工艺管理的重要作用

（1）计划职能　　工艺管理在实施管理计划中的职能主要包括生产前的技术计划工作（生产的工艺准备）和工艺技术发展规划、工艺人员培训计划的制订工作等。

（2）组织职能　　工艺管理在实现组织职能方面的任务包括工艺路线的确定、工序的划分，工艺管理体制的建立和运行，工艺责任制的建立和实行，工艺纪律的考核等。

（3）控制职能　　工艺管理具有控制功能的全部特征，尤其是现场管理，实质就是在制造过程中。关键工序工艺质量控制点的建立以及一套管理方法，就是这种控制职能的具体体现。

（4）激励职能　　在加强工艺管理的过程中，把严格工艺纪律放在重要位置。要充分发挥工艺技术人员的积极性，鼓励工人的创造革新活动，制订考核、奖惩等办法，以及加强工艺技术人员和工人的业务、岗位培训等，都属于工艺管理执行激励职能的范围。

综上所述，工艺管理是企业管理不可分割，在本质上有密切内在联系的重要组成部分，也是企业管理中最为实质、最为现实、最为具体的部分。在企业管理的全过程中，都可以看到工艺管理的地位、作用和效果。

3. 工艺管理与企业管理

工艺管理是企业最基本的管理工作，工艺管理上不去，其他管理工作就失去了根基。从以下几方面，来看一看工艺管理与企业其他管理工作的关系，就可进一步体会到工艺工作在企业中的重要作用。

（1）物资供应管理　　任何生产过程都以原料、产品结构材料、工艺材料以及各种辅料等为首要条件。企业如果失去这些物质条件，如同无米之炊。即使有了物质资源，如果不能合理利用，对劳动生产率的提高、产品质量的保证及企业经济效益的取得都将产生很大影响。要想实现上述目标，就得靠工艺部门提供的材料、燃料、能源等先进的消耗定额。供应部门根据工艺部门提供的定额资料及年度生产计划，编制出材料、燃料、能源等物资供应计划。有了供应计划才能和有关原材料、燃料、能源等生产厂家签订供货合同，和制订市场采购计划。除此之外，物资供应部门还要对标准工具、工装、配套件等编制供应计划,而这些原始依据也同样来自工艺部门;其次,只有在工艺部门提供的先进定额基础上,才能在向钢厂订货时提出定尺供料,按工艺参数的要求组织供货;再次,为控制材料合理发放,企业物资供应部门应建立限额发料制度,其依据也是靠先进的材料消耗定额。由此可见,物资供应部门管理水平和工作质量,很大程度上取决于工艺工作的质量。

(2)劳动定额管理　劳动定额管理是科学的劳动组织措施中不可分割的组成部分。其主要任务是计算完成的工作量、制造各种产品所必需的工时消耗量。这些时间定额是否合理、先进,关键在于工艺人员的技术素质和工作质量。如果单件定额制订得先进、合理,那么企业所需的劳动力数量将可以大大减少。编制劳动计划时,可以适当调整多余劳动力或经过培训转到其他岗位从事新的工作。所以,劳动工资部门的工作依据也离不开工艺工作。

(3)生产计划管理　企业的生产计划管理更需要以工艺文件为基础。无论新产品还是老产品,合理的工艺路线和流程的确定,都是由工艺部门来确定的。大量生产类型的企业的生产节拍、流水线工作指示图表、在制品定额的确定,成批生产企业的生产批量、生产间隔期、生产周期、投入的提前期、在制品定额的确定等,离开工艺文件都无法做到准确、合理。有了以上的期量标准,编制作业计划也就有了基础。

生产作业计划是企业联系各生产环节,组织日常生产活动,建立正常生产秩序,做到按品种、数量、质量、期限交货,组织有节奏均衡生产非常重要的工具。生产作业计划不能正常实施,往往是前道工序(包括协作件和配套件)的生产厂或车间的工艺工作薄弱引起的。因此,只有强化企业各级管理部门的工艺意识,企业的生产管理才能步入正常的轨道。

(4)工具管理　企业的工具管理是正常生产的重要物质保证之一。由工艺部门提供的工艺装备明细表是编制工艺装备供应计划的主要依据。工艺部门设计的专用工艺装备,更是工具车间组织生产的依据,特别是在新产品开发中,由样机鉴定转入小批试制阶段。企业生产技术准备中,工作量最大的要算工艺装备的设计与制造。一般来说,在大量生产的企业中,工装设计与制造周期占生产技术准备周期的60%;从工作量来看,约占80%;制造费用约占成本的10%～15%。因此,工艺部门对工艺装备系数的确定是非常重要的。除了工装的设计和制造外,工装的维修、保管也十分重要。工具库的工具储备定额取决于工具消耗定额,而工具消耗定额的制订也离不开工艺部门。

(5)设备动力管理　企业的设备保持良好的技术状态是保证生产正常进行的又一重要条件。设备精度保持程度是直接实现零部件工艺要求的基本保证。工艺部门为了确保产品质量,对全厂的关键设备都必须提出相应的技术要求。设备部门的一切管理工作都是围绕这一基本要求开展一系列的生产活动的。此外,设备的利用率的提高,很大程度依靠台时定额正确性,而台时定额的制订也直接与工艺工作的水平有关。关于企业中的水、电、气、汽、煤等能源的有效利用,也无不取决于工艺工作的水平。

(6)质量管理　工艺管理和全面质量管理都是企业管理的组成部分。工艺管理对保证产品质量、加强现场管理和全面质量管理的目标是一致的。然而,工艺管理和全面质量管理不能互相代替。工艺管理侧重于工程技术科学,因为它是工艺技术方面的管理,诸如工艺分析、工艺路线设计,工艺方案制订,工艺规程编制,采用新工艺、新装备的决策与措施等,都是以工程技术为基础的。工艺管理系统中,包括具有企业生产直接指挥职能的总工艺师、

工艺科室、车间施工组,是以生产环节的形式存在的,它具有的生产力性质要比全面质量管理具体得多。

全面质量管理在企业中侧重于"质量第一"的指导思想,通过设计、生产、工艺、设备等职能部门对人、机、料、法、环境(4M1E:人— Man,机器— Machine,材料— Material,方法—Method,环境— Environment)等因素的动态控制和信息反馈,保证产品质量的目的。

工艺管理通过工艺文件、工艺纪律等保证产品制造质量。采用新工艺、新技术、新装备、新材料等带来了节约材料、能源、工时、台时,保证安全和改善劳动环境等效果,成为生产力发展最直接的因素。而全面质量管理则通过组织、信息、控制等手段,得到各种数据和反馈信息,为企业决策者提供依据,克服薄弱环节,改善管理方法,为进一步改善质量创造条件。

生产现场关键工序质量控制点是工艺管理和全面质量管理交叉、融合的典型表现。

(7) 财务管理 企业中大约有 70%～75% 的费用与工艺有关。如果把工艺成本最大限度地降下来,企业经济效益将大大提高。因此,重视工艺工作是商品经济发展的需要,是企业不断提高经济效益和竞争力的需要。

(三)全生命周期工艺管理数字化系统

由于产品品种不断增多,寿命周期越来越短,产品的工艺工作量繁重,传统的手工工艺管理不仅效率低下,而且质量也不高,不能适应新形势的要求。其次,孤岛式的计算机辅助技术,如 CAPP、工装 CAD 等,不能满足全生命周期工艺管理系统信息集成化的需要。再者,企业的工艺工作与企业许多部门发生密切联系,要求与其他部门的信息集成,如与生产管理信息的集成。随着企业不断采用新的生产模式,如现代集成制造系统 CIMS、并行工程 CE(concurrent engineering)、敏捷制造 AM(agile manufacturing)等,要求信息在企业间、地域间、国与国之间实现集成。因此,为了提高企业对市场的响应能力和竞争力,工艺管理系统的数字化已成为关键,尤其面向全生命周期的工艺管理数字化系统的研究与开发已迫在眉睫。

一个产品从需求调研、设计成功,到设计工艺、工装,从加工制造到售后服务,涉及很多工艺设计与管理方面的工作。我们把它划分为 4 个阶段:工艺基础规划研究阶段、产品生产技术准备阶段、制造过程管理与控制阶段和售后工艺服务阶段,每个阶段又涉及很多工作内容,如图 2-63 所示。

所谓面向产品全生命周期的工艺管理数字化系统就是在工艺标准化的基础上,从制造企业工艺的设计、计划、组织、控制和激励等几个方面数字化、计算机化,缩短产品工艺准备周期,优化工艺设计与管理,提高产品质量,提高加工效率,降低产品制造成本。其主要功能阐述如下:

(1) 设计功能 主要包括工艺与工装的设计与管理等。

(2) 计划功能 主要包括生产前的技术计划和工艺技术发展规划、工艺人员培训计划的制订等。

(3) 组织功能 主要包括工艺路线的确定、工序的划分、工艺管理体制的建立和运行、工艺责任制的建立和运行等。

(4) 控制功能 主要包括确立工艺标准、收集信息、监督检查分析研究、采取措施、进行调节等。

(5) 激励功能 主要包括工艺纪律的管理、实施和反馈等。

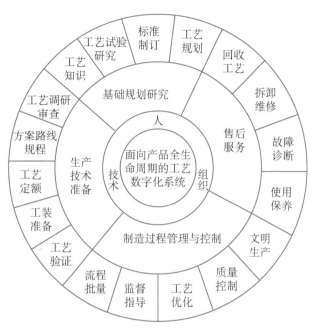

图 2 - 63 工艺数字化系统体系结构

调查表明,目前国内工艺管理数字化的研究主要存在以下几个方面的问题:

① 片面强调工艺过程的多变性与特殊性,忽视了工艺数字化的基础是工艺标准化。只要求工艺数字化系统的输出格式标准化,不重视其内容的规范和标准,重复人工设计时的工艺内容因人因事而异的弊病。

② 把工艺管理系统与产品数据管理(PDM)系统的一部分功能相混淆,指望用产品数据管理系统来完成工艺管理的问题。

③ 系统没有面向产品全生命周期,大多只注重工艺设计,或少数包含了一小部分的工艺管理功能,集成性差,如与 CAD、PDM、ERP 系统的集成度不够,不适应先进制造模式的需求。

一个企业要想生存,就要不断地推陈出新,而一个新产品的开发离不开工艺规划、工艺试验研究、工艺准备、现场工艺管理、售后工艺服务等工作。为了适应制造业的集成化、柔性化和智能化的要求,全面提高企业经济效益,必须尽快开发出面向产品全生命周期的工艺管理数字化系统。从调研情况来看,所有的企业都已经感觉到单纯靠提高工艺设计的数字化来全面提高产品质量是不可能的。随着市场竞争的剧烈化,加强工艺发展规划、新工艺试验研究、设计与工艺的并行、工艺验证服务、工艺总结、工艺整顿,加强现场工艺信息的管理、完善售后工艺服务等数字化问题迫切需要解决。

(四)工艺管理体系与责任制

1. 工艺管理体系

体系是运用系统的概念和方法,由一系列要素组成的集合体。它着眼于集合体内的组织机构及其相互联系、相互制约的内在联系。在机械产品从市场调研、开发设计、生产技术准备、采购、生产制造、检验、销售到服务的全过程中始终贯穿着工艺活动。在技术副厂长和总工程

师领导下,由若干部门组成的对全部工艺活动进行计划、组织和控制的管理体系,称为工艺管理体系。工艺管理体系的组成如图2-64所示。

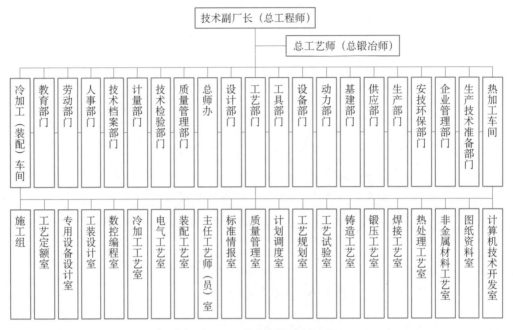

图2-64 工艺管理体系的组成

(1) 各部门的职能

① 工艺部门:严格执行国家和上级主管部门颁发的技术方针、政策、法规。制订工艺、工艺纪律等管理制度。编制中、长期的工艺发展规划和年度工艺计划,并组织实施。制订和调整生产车间的工艺路线与布局。参与企业中、长期技术发展规划的制订,并负责项目的工艺水平经济效益的分析以及专题技术论证。提出、综合、审定工艺技术措施和工艺组织措施项目,会签设备更新、改造、报废。开展新工艺、材料、装备、技术的实验研究与推广。对国内外新技术进行引进、消化、吸收和创新。贯彻执行国家、部委颁布的工艺、技术标准,制(修)订并组织贯彻企业工艺标准。掌握、管理工艺信息。参与产品开发的工艺、技术调研。审查产品设计图样的结构工艺性。设计工艺方案和工艺路线。设计工艺规程,进行工艺验证。设计工艺装备,并组织验证。制订工艺定额。现场工艺管理和工艺纪律管理等。

② 设计部门:提供正确、完整、统一的产品设计图样和技术文件。保证产品结构的工艺性。总工程师办公室组织新产品开发阶段的评审和新产品鉴定。管理产品发展、工艺发展、技术改造规划,工艺计划的组织实施。管理科研、攻关、技术革新、合理化建议的。组织和协调各技术部门之间的有关工艺工作。

③ 质量管理部门:组织工艺、工具、设备、企管、劳动、生产、技术检验等部门,监督、检查和考核全厂有关部门贯彻执行工艺纪律情况。

④ 技术检验部门:负责现场工艺纪律的日常检查、监督和反馈。

⑤ 计量部门:负责计量器具、专用工艺装备的周期检定、返换检定。

⑥ 工具部门：制造和提供工艺装备，并分类管理各种工艺装备。

⑦ 设备部门：维修、改造、更新工艺设备，以满足工艺要求。

⑧ 动力部门：保证能源的技术参数符合工艺要求。

⑨ 基建部门：按工艺要求，负责厂房等设施的新建、维修、改造。

⑩ 供应部门：按工艺要求提供原、辅材料，按设计要求提供配套件。

⑪ 生产部门：按工艺要求组织安全、均衡、文明生产，供应外协件。

⑫ 安全环保部门：保证安全生产和改善劳动环境。

⑬ 企业管理部门：把工艺管理工作纳入全厂管理目标，建立健全的工艺管理内容与要求。

⑭ 生产技术准备部门：编制生产技术准备计划，做好产前生产技术准备。

⑮ 技术档案部门：负责工艺文件和资料的管理。

⑯ 人事部门：配备工艺人员，并负责考核与晋升。

⑰ 劳动部门：配备各类生产人员，制订劳动定额。

⑱ 教育部门：负责做好专业培训和工艺纪律教育。

⑲ 生产车间：做好现场工艺管理，贯彻执行工艺纪律。

（2）管理层次　通常分为3个管理层次：

① 最高管理层：由厂长、总工程师、总工艺师组成。主要职能是从企业整体利益出发，统一指挥和决策工艺管理和技术，制订企业工艺工作目标、方针和规划。

② 中间管理层：由工艺部门和有关职能部门组成。主要职能是拟订具体的计划和完成自己的工艺工作。

③ 执行管理层：由车间和班组组成。主要职能是组织贯彻工艺的实施，并完成车间内的工艺管理工作。

（3）工艺管理体系的特点　既然工艺管理体系是系统工程，就应存在前面所述的系统特点。

① 整体性：工艺管理体系是以技术副厂长、总工程师等有关企业领导为首，并由包括工艺部门在内的若干职能部门组成。在体系运行过程中，工艺部门负责承上启下和横向部门间的协调，充分发挥整体功能。

② 相关性：横向部门间的相关性是显而易见的。有了设计部门提出并经批准的产品发展规划，工艺部门才能编制工艺发展规划；有了上述两个规划，总工程师办公室才能组织编制技术改造规划；有了工艺部门提供的工艺装备设计图样，工具部门才能制造并提供合格的工艺装备；有了工艺部门在工艺过程中对设备、计量器具规定的要求，设备部门才能精化、改造或更新设备，计量部门才能配置和检定计量器具；人事部门配备了合理的工艺人员，工艺部门才能有效开展工作；工艺部门制订了企业工艺纪律检查、考核实施细则，质量部门才能组织检查与考核。

在子系统中相关性也是存在的，在工艺部门内部科室与科室之间的相关性也同样显而易见。计划调度室编制了工艺技术准备计划，各专业工艺室的产品工艺准备的进度才能统一与协调；主任工艺师室制订了产品工艺方案和工艺路线，各专业工艺室才能编制工艺规程；各专业工艺室编制了工艺规程，工艺定额室才能编制劳动定额。

③ 目的性：工艺管理体系的目的是加强工艺管理,建立正常的工艺工作秩序,提高工艺管理水平和工艺技术水平,进而促进企业的技术进步和管理进步,使企业的生产力不断发展,最终取得良好的经济效益和社会效益。企业的工艺活动贯穿于产品形成过程的始终。它的广泛性决定了工艺管理体系结构的复杂性和部门的多元性。只有各子系统充分发挥各自的功能,整个体系才能有效地运行,才能有效地计划、组织和控制工艺活动,实现建立体系的目的。

④ 有序性：工艺管理体系表现了明显的层次。最高管理层起着对工艺工作的决策指挥功能;中间管理层的各业务部门起着各自的工艺管理职能;执行管理层对上层的指令进行执行贯彻及其内部管理。这充分表现了体系中有序性的纵向整体性。部门与部门之间的分工、协调、发挥各自的功能,并综合管理,这充分表现了体系中有序性的横向整体性。

⑤ 动态性：工艺活动与工艺因素的活跃性决定了体系中部门之间、上下之间的联系、作用随时间的推移在不断地变化,因此需要不断地协调与统一;体系本身又处在一定的环境之中,为适应环境变化和发展,也需要不断地协调、完善与统一。

⑥ 反馈性：在工艺管理体系中任何一个部门都有信息的输入与输出。工艺部门根据产品的设计图样、技术文件和标准,设计了全套的工艺文件,以信息方式向各部门和生产车间输出不同指令,而各部门、车间应把执行结果以信息方式反馈给工艺部门。由于人和物联系关系多样,时空变化和环境影响很大,随机因素多,结构关系复杂,内部运动变化大,因此工艺部门需要根据信息反馈情况,不断地处理和调整,再以新的信息输出。这是工艺管理体系的一个重要特点。

2. 工艺管理的责任制

任何一个企业要生存、求发展就必须生产出满足用户需求的产品,而这些产品的形成必须经过市场调研、开发设计、生产技术准备、采购、生产制造、检验、销售及服务全过程。工艺技术、工艺管理作为纽带,将它们连接成一个整体。工艺工作贯穿于企业全部活动的情况见表2-13。

表 2-13　工艺管理的责任

工 艺 职 能	涉及部门	活动类别
(1) 工艺调研	设计、工艺	市场调研
(2) 工艺发展规划　(3) 工艺试验与研究 (4) 工艺情报与工艺标准　(5) 分析与审查产品结构工艺性	工艺、总师办、有关车间、设计	开发设计
(6) 设计工艺方案　(7) 设计工艺路线 (8) 设计工艺规程　(9) 设计、制造工艺装备 (10) 制订材料消耗工艺定额 (11) 制订工时消耗工艺定额(有的企业工时定额由劳动部门制订) (12) 制订管理性工艺文件	工艺、工具、计量、检验及有关车间	生产技术准备
(13) 工艺装备明细表 (14) 材料消耗工艺定额明细表 (15) 主要辅料消耗工艺定额明细表 (16) 油漆消耗工艺定额明细表	工具、设备、供应、工艺	采购

工　艺　职　能	涉及部门	活动类别
（17）定人定机定工种 （18）按图样、工艺和标准进行生产 （19）进行工艺验证 （20）进行工艺装备验证 （21）现场工艺过程管理 （22）执行工艺纪律 （23）均衡生产 （24）进行工艺总结	生产车间、生产调度、劳动人事、工艺、质量管理、设备、工具、计量	生产制造
（25）按图样、工艺、标准检验 （26）监督生产现场的工艺纪律 （27）新产品样品试制鉴定 （28）新产品小批试制鉴定	技术检验、质量管理总工程师、设计、工艺、有关部门	检验
（29）向用户提供工艺参数	工艺	销售
（30）用户访问、市场研究、对新产品提供最佳工艺决策	工艺、设计、销售	服务

（1）工艺调研　工艺调研，特别是市场调研可以了解国内外同类产品发展状况，市场是所有企业经营的出发点也是最后归宿。没有工艺水平，就没有产品的水平，工艺技术和工艺管理是基础。显然，工艺部门参加市场调研也是十分必要的。

（2）产品工艺性审查与工艺方案的制订　如何保证产品在最短时间内经济合理地制造出来，取决于产品工艺性分析与审查及工艺方案的合理性和先进性。工艺方案是工艺准备工作的主要指导性文件，是设计工艺规程和编制工艺技术组织措施计划的依据。

（3）设计工艺路线　每个零件的工艺路线应从毛坯准备或备料开始，包括中间所有加工过程直到成品包装入库为止。因此工艺路线的合理、正确，不仅关系到工艺规程设计和劳动组织的安排，而且直接影响零部件的厂内、车间内运输的合理组织。

（4）工艺情报与工艺标准　企业要紧紧围绕工艺技术、工艺管理博采广集，综合分析，检索成文，全面开展工艺情报工作。

工艺标准化是企业根据产品的特点和工艺条件，在充分利用老产品的工艺装备基础上，根据标准化的统一、简化、选优、协调原则，对产品的工艺要素、工艺规程和工艺文件等进行合理的统一和简化。因此，工艺标准是工艺技术的结晶，是反映企业技术水平和考核工艺工作的重要尺度，是企业开展工艺工作的主要依据，是保证产品质量，促进技术进步的主要手段。必须积极采用国际标准和国外先进标准。

（5）工艺试验研究　开展工艺试验研究是产品创新的需要，是企业重要的工艺基础工作。

① 工艺试验研究与开发的作用和基本要求。工艺试验研究可单独进行，也可渗透到技术引进、技术革新和技术改造中去，它是促进工艺技术进步的重要途径，是加强新产品开发、稳定与提高产品质量，降低消耗，提高劳动生产率的基础。其作用如下：

● 解决生产中（或工艺准备中）出现的工艺难题，保证所采用的工艺适用、先进、合理、可靠，从而达到生产的优质、高产、低消耗。

- 工艺技术储备，开发本企业的特色工艺，以适应新产品研制的需要和提高企业的竞争力。
- 创造新的制造方法和生产系统，为新工艺的采用开辟道路。

工艺试验研究与开发的基本要求是：

- 为了搞好工艺试验研究，企业应给工艺部门配备相应的技术力量，提供必要的实验研究条件。
- 企业在进行工艺试验研究与开发中应积极与大专院校、科研院所合作，充分利用企业外部技术力量，还应积极采用他们已有的成果。

② 工艺实验研究的范围和立项原则：

- 工艺实验研究的范围：工艺发展规划中确定的研究开发项目，一般比较大，所需时间较长；产品生产工艺准备中新技术、新工艺、新材料、新装备的试验研究；为解决现场生产中重大产品质量问题或有关技术问题而需进行的攻关性试验研究，时间要求一般比较急；消化引进项目中与工艺有关的验证性试验研究。对引进设备要研究它们的性能、结构特点、操作规范和使其零、配件国产化等。对制造技术要结合企业具体条件进行适应性试验验证。
- 工艺试验研究的立项原则：根据工艺发展规划的要求；有针对性地解决现场生产中突出的质量问题和生产能力的薄弱环节；项目完成后要有明显的技术、经济效益或社会效益；根据本企业的能力及与科研院所结合的可能性。

③ 工艺试验研究的程序：

- 确立工艺试验研究课题。企业可先组织人员，围绕课题调查研究，写出研究报告。申请人在申请立题时，应就课题的目的、依据、主要内容、人员组成、预期成果和费用等初步论证，经评审后予以确认。
- 编写试验研究任务书。立项后，在调查研究、分析资料的基础上，编写工艺试验研究任务书。其内容一般包括项目名称、试验研究目的、主要工作内容、预期的技术经济效果、本项目的国内外状况、准备工作情况、现有条件和将要采取的措施、完成日期、经费概算、项目负责人及主要参加人员、审批意见。
- 调研。
- 编制试验研究实施方案，包括试验目标、试验方法和步骤、技术组织措施和安全措施、所需的仪器仪表和设备目录、人员分工及进度计划。
- 组织实施。
- 阶段检查。主管部门和有关领导要及时了解和解决实施中存在的问题。在试验中，发现技术经济上不可取的项目应及时停止，并申请撤消该项目，以免造成更大的浪费。
- 编写试验研究总结报告。报告应包括课题名称和项目编号、目的及要求、试验条件、实际试验程序、试验结果分析(包括与国内外资料对比、使用价值与经济效果等)、结论(包括对今后推广使用的意见和建议)、附录(包括全部有用试验数据)。
- 组织鉴定。鉴定前应组织人员写好有关鉴定所需材料，聘请有关领导和专家开好鉴定会。
- 立卷存档。课题成果经过鉴定后，应将全部有关试验研究资料编号存档或存入计算机数据库。

● 研究成果的使用与推广。经过鉴定的研究成果需经过一段试用验证期,然后再纳入工艺文件正式使用,对全行业有指导意义的研究成果,应在全行业内加以推广,以提高全行业的工艺技术水平。

④ 工艺成果管理:

● 工艺成果的分类。一般分为工艺发明创造、重要工艺成果、一般工艺成果、工艺标准和工艺管理成果及合理化建议等五大类。

● 工艺成果的鉴定验收。鉴定程序为准备、正式鉴定、上报。

● 工艺成果的归档。包括收集、整理、保管、统计、鉴别、利用等。

● 工艺成果的评选、奖励。

● 工艺成果的保护与转让。

● 工艺成果的交流、推广与应用。

● 工艺成果的管理与专利工作。

(6) 制订工艺发展规划　工艺发展规划是企业技术发展规划的重要组成部分,必须贯彻远近结合,先进与适用结合,技术与经济结合的方针。其基本内容是贯彻工艺标准,提高产品质量,发展品种,增加产量,提高劳动生产率,节约能源,降低消耗,解决技术关键和改善劳动条件而采用的工艺技术措施的发展规划。这也是调整工艺路线、更新改造工艺装备的工艺组织措施,研究、开发、引进和推广新工艺、新材料、新装备、新技术,提高工艺技术和管理水平,降低生产成本的发展规划。

3. 岗位责任制

岗位责任制是企业按照生产、工作岗位建立的责任制度。它具体规定了每个岗位的职责和权限,是生产、工作岗位的综合性制度。责任制可以把工作任务和工作方法、职责和权利、专业管理和群众管理、工作和学习有机地结合在一起,充分调动职工群众的积极性,保证企业各项工作任务的完成。岗位责任制分为领导干部岗位工艺责任制、工艺部门岗位责任制、有关职能部门的工艺工作责任制及工艺人员岗位责任制等。

(1) 领导干部岗位工艺责任制

① 厂长的工艺意识与责任:加深认识工艺工作在振兴机械工业中的地位和作用,提高自觉性,增强紧迫感与工艺质量意识。正确处理工艺管理与企业的各项管理的关系,并负责统一与协调。负责建立健全、统一、有效的企业工艺管理体系。负责设立厂一级的健全、统一、有效的工艺管理部门。审批企业技术发展规划、工艺发展规划、技术改造规划,重大工艺技术装备的引进与基建项目。对企业贯彻执行国家和上级主管部门颁发的工艺技术政策、法规负责。

② 技术副厂长(总工程师)的工艺责任:

● 领导工艺管理工作,包括建立健全以总工程师为首的工艺管理和工艺技术责任制,建立健全工艺技术范围内的各项工作制度,建立工艺技术方面的工作程序。

● 组织领导工艺调查,制订中、长期工艺发展规划,提高本企业生产工艺水平。

● 领导新产品开发工作。安排工艺人员参加新产品开发、调研和老产品用户访问。审批重要产品工艺方案,主持新产品样机试制、小批试制的厂内鉴定工作。

● 领导工艺科研工作,及时解决在科研过程中出现的主要技术问题,并组织鉴定。

● 审核合理化建议、技术革新与推广计划,主持重大成果的鉴定,责成工艺部门将合理化建议、技术革新成果纳入工艺文件。

● 组织领导重大技术关键和薄弱环节的工艺攻关工作。

● 负责组织领导工艺技术与装备的引进与消化吸收,保证产品技术改进和新产品开发同步配套。

● 建立健全工艺标准、工艺情报的专职机构或指定专人从事工艺标准、工艺情报工作。积极采用国际标准和国外先进标准,不断提高工艺技术水平和工艺管理水平。

● 负责生产技术准备工作,保证工艺准备有科学的周期性。

● 审批各类工艺技术文件和工艺规划与工艺制度。

● 负责工艺技术档案与工艺技术保密工作。

● 审批工厂总平面布置及工艺布局。

● 负责组织领导工艺人员技术培训、考核、晋升工作。

● 负责完成厂长交给的工作。

③ 总工艺师责任制:

● 负责组织工艺管理工作,包括组织制订、审查、签署工艺管理制度和工艺责任制,组织制订、审查、签署工艺技术范围内的各项工作制度和工艺工作程序。

● 组织制订工艺发展规划。

● 负责组织新产品开发工作,包括对新产品开发、老产品用户服务的人选提出建议;组织新、老产品工艺方案和关键零部件工艺方案的讨论和制订工作,会签或审批产品工艺方案、工艺路线方案。

● 具体组织工艺科研的实施,及时解决和协调工艺科研过程中出现的技术问题,确保工艺科研工作的完成。

● 编制或审查重大工艺技术改造项目的可行性分析报告。

● 组织领导新技术、新工艺、新材料、新装备的推广应用工作。

● 组织审查工厂总平面布置图,分厂(车间)平面布置图。

● 组织工艺标准、工装标准的贯彻与实施工作。负责工艺文件的标准化、工艺要素的标准化、工艺典型化、工艺装备的标准化。审查工艺标准的先进性、科学性和可行性。

● 负责组织新产品投产前工艺技术交底工作。

● 负责组织和协调生产过程中发生的工艺技术问题,确保按质、按量、按期完成生产任务。

● 负责组织工艺信息反馈工作。

● 按总工程师的部署完成其他工艺工作。

(2) 工艺部门岗位责任制

① 负责制订工艺管理制度:

● 制订有效的工艺管理制度,并认真贯彻执行。

● 按质量管理思想建立工艺工作程序。

● 制订工艺部门各类人员的工作标准。

● 制订企业工艺纪律检查、考核实施细则。

② 负责工艺管理工作：

- 组织有关部门贯彻执行工艺规程和工艺守则。
- 组织工艺检验工作。
- 参加工艺装备(包括工位器具)的验证工作。
- 组织工艺总结工作。
- 组织工艺整顿工作。
- 组织工艺工作中的质量管理活动,加强工序质量控制。
- 负责经验证、鉴定合格后的新工艺、新材料、新装备纳入工艺文件的工作。
- 参加工艺纪律检查工作。
- 对工艺文件的正确性、完整性、统一性负责。
- 对工艺装备设计的结构合理性、安全性、可靠性、经济性负责。

③ 制订工艺发展规划：

- 根据企业提高工艺水平,不断提高产品质量和生产能力以及经济效益、增加品种的要求,制订工艺发展规划和计划。
- 依据企业产品发展规划,制订企业中、长期工艺技术发展规划,制订、修订企业工艺技术能力改造规划。
- 制订为扩大生产能力或改进工艺流程的工艺路线调整规划。
- 制订基础件攻关规划和技术关键攻关规划。
- 制订采用新技术、新工艺、新材料、新装备的 4 新规划。
- 为提高企业工艺素质加速工艺技术发展,提高工艺管理水平,制订工艺发展规划。
- 制订采用国际标准、国外先进标准而采取的工艺措施规划。
- 根据新产品投产、老产品改进及产品质量创优、贯彻标准等工作,制订企业年度工艺技术措施计划。
- 根据企业近期在生产中所暴露的工艺薄弱环节,制订年度工艺技术措施改造计划,积极采用先进工艺及工艺装备,充实检测装备。
- 总厂平面布置、分厂(车间)平面布置或调整规划。
- 制订规划、计划,与修订的及时性、正确性、可靠性、先进性、可行性负责。
- 参加技术部门制订、修订企业的有关技术发展规划和计划工作,承担分工部分的工作内容,并认真组织实施。

④ 负责组织工艺技术的试验研究和开发工作。要大力加强基础工艺技术的开发和研究,有计划、有重点地开发微电子、计算机、激光、新材料等新技术在加工制造、检测控制、管理等方面的应用。在工艺技术研究、开发中,要重视工艺方法、工艺装备、工艺材料和检测技术的成套性和系统性,做到配套成龙。

- 根据企业产品开发和工艺技术发展的需要,负责制订工艺试验研究计划。
- 负责本企业主导产品的工艺技术现状及合理与先进程度的分析研究,并确定开展工艺试验研究的课题与方法。
- 根据企业技术引进的规划,负责制订工艺试验研究规划,做好工艺技术与装备的引进、消化、吸收、创新工作。

- 负责解决本企业工艺技术薄弱环节的工艺试验研究工作。
- 负责新工艺、新材料、新技术、新装备的试验研究和推广使用,加强工艺材料的开发和研究工作。
- 要加强基础工艺,负责成组工艺、计算机辅助工艺设计与管理等的研究与推广工作。
- 负责工艺试验研究课题(或规划)的实施总结,并组织鉴定。
- 负责将工艺试验研究成果纳入有关工艺文件,做好存档及保密工作。
- 负责产品工艺。
- 参加新产品开发调研和老产品改进的用户访问,以及产品开发过程中的评价。
- 组织实施新产品试验(包括老产品改进)及定型产品的工艺工作。负责结构工艺性审查、企业会签,对产品结构工艺性提出改变、改进或同意的意见。组织设计并审定工艺方案及工艺路线方案。组织设计工艺规程和其他有关工艺文件。负责对生产分厂(车间)进行新产品投产前、老产品改进和老产品停产后再生产的工艺技术交底工作。组织编制工艺定额,包括组织编写材料消耗工艺定额和组织编写劳动消耗工艺定额。
- 负责设计专用工艺装备,对其结构合理性、安全性、可靠性、经济性负责。
- 负责组织重要工艺设备及专机的方案讨论工作,对设计专机的实用性负责。

⑤ 负责对生产过程进行工艺技术服务:
- 及时组织实施工艺文件的指令性修改,并对修改后的正确性、统一性负责。
- 及时处理工艺文件在实施过程中发现的问题。
- 负责解答与工艺技术有关的咨询。
- 负责组织工艺攻关和工艺技术改造工作,工艺攻关成果要纳入有关工艺文件。
- 支持合理化建议和技术革新工作,并将其成果纳入有关工艺文件。
- 参加工艺纪律的检查与考核工作。

⑥ 组织制订工艺标准。对逐步实现工艺文件的标准化、工艺要素的标准化、工艺典型化、工艺装备的标准化负责。对工艺标准的先进性、科学性、可靠性负责。

⑦ 负责工艺情报的收集、加工和传递。

⑧ 负责保证下述指标的兑现:
- 产品工艺准备工作进度。
- 材料利用率的有关指标。
- 工时利用率的有关指标。
- 工艺文件的正确率、完整率、统一率的有关指标。
- 工艺文件的贯彻率的有关指标。
- 工艺部门分担的其他指标。

⑨ 有组织、有计划、有目的地培养和提高工艺人员的素质。负责完成总工程师或总工艺师临时交办的工艺工作任务。

(3) 有关职能部门的工艺工作责任制

① 设计部门:
- 对提高产品设计图样和技术文件的正确、完整、统一负责。
- 对产品结构工艺性负责。负责组织工艺部门参加产品设计、方案设计、工作图设计的讨论。负责组织工艺部门参加产品结构工艺性审查工作。对工艺部门提出的意见要责成主管设计人员认真研究,对产品工艺性严重不足之处应改变设计,对工艺性较差的应改进设计。

● 对产品设计的标准化、通用化、系列化水平负责。

② 总工程师办公室:

● 组织工艺部门编写工艺发展规划、技术改造规划并进行管理。负责组织实施年度工艺技术措施计划和工艺组织措施计划。

● 组织新产品开发的各个阶段的评审鉴定工作。

● 组织新产品样机试制与小批试制的鉴定工作。

● 负责提出工艺技术和工艺管理的重点任务。

● 负责科研、攻关、技术革新、合理化建议的综合管理工作。

● 完成总工程师或总工艺师(总锻冶师)交办的临时工艺工作任务。

③ 质量管理部门:

● 认真贯彻执行国家和上级有关加强工艺管理、严格工艺纪律的方针、政策和指示,推动工艺工作。

● 负责组织检查工艺纪律贯彻情况,对各部门执行情况做出评价。

● 负责组织整顿和综合分析厂内外工艺质量信息,并向工艺部门反馈和进行监督。

● 参加工序质量控制点的建立和组织产品质量、工序质量的审核工作。

● 负责工序质量控制点采取的控制方式的咨询。

● 负责产品质量保证体系的建立。

④ 技术检验部门:

● 负责生产现场工艺纪律的监督。

● 负责按图样、按工艺、按标准检验产品质量、零部件质量。

● 参加工艺纪律的检查工作。

● 负责将生产现场出现的工艺质量信息反馈至工艺部门,对工艺质量问题提出建议或修改意见。

● 有组织、有计划地培养技术检验人员,不断提高他们的检验技能。

⑤ 计量部门:

● 按工艺要求负责配置计量器具。

● 编制计量器具的周期检定、校正和维修规范。

● 负责计量器具、专用工艺装备的周期检定、返换检定工作,保证量值传递准确、可靠。对周检制度实施不力而造成的质量事故负责。

● 负责建立工艺装备,特别是质量控制点的工艺装备的检测档案。

● 计量检定人员必须经过严格考核,凭操作证操作。对因计量人员未进行业务培训和考核发证而出现的质量事故负责。

● 加强技术培训,不断提高计量检定人员的技术水平。

⑥ 工具部门:

● 负责依据工艺装备图样,按计划保质、保量、保品种、保规格地完成工艺装备的制造。

● 编制工艺装备检查、维修计划。

● 外购的工、量、刃具应满足工艺要求。购入后必须经专职检验人员或计量检定人员检验合格后才能办理入库手续。

● 工具部门对由其外购和提供的工艺装备及外购工具质量问题而造成的质量和其他事故负责。

● 管理工艺装备及外购工具,对管理不善造成的质量事故负责。

⑦ 设备部门:

● 编制设备点检卡和设备检查维修规范。

● 保证设备经常处于完好状态,对因设备不完好而造成的质量事故负责。

● 保证经大修后的设备质量达到标准规定,对大修后设备不符合有关标准的规定而造成的质量事故负责。

● 负责教育生产工人正确使用设备和做好日常维护保养,经常监督、检查各车间生产设备的使用情况,及时制止违反操作规程的人员,如其不听劝阻有权提出处理意见,必要时有权收回操作合格证。

⑧ 动力部门:

● 负责按时供应全厂各有关部门电、水、气以及压缩空气等各种能源。对因供应不及时、技术参数不符合工艺要求而造成的质量事故负责。

● 负责电气、锅炉、动力设备的安全和经济运行。

● 负责监督、检查全厂各单位对电力、管线、通风、压缩空气等设备的安装使用,并指导有关部门做好维护保养工作。对因设备安装不善和监督不力而造成的质量事故负责。

● 负责对耗能大的设备的操作工人和各种动能站、房的运行人员,按专业培训。锅炉工、压力容器工、电工等必须经过严格考核,凭操作证操作。对因上述人员未进行技术业务培训和考核发证而出现的质量事故负责。

⑨ 基建部门:

● 按期、按质完成工艺技术改造项目的基建任务。

● 按工艺要求负责厂房、炉窑等设施的新建、维修、改造。

⑩ 供应部门:

● 按工艺要求及时提供合理的原材料、辅料。对因未经检验入库或质量低劣造成的质量事故负责。

● 按工艺要求及时提供合格的配套件及外购件。对因未经检验入库或质量低劣造成的质量事故负责。

● 搞好外购件质量保证体系。负责组织对主要供应厂商品的保证能力的调查、分析、审核工作。

● 严格执行代料制度。对不执行代料管理制度造成投料混乱而导致质量事故负责。

⑪ 生产部门:

● 根据企业的具体情况合理地选择生产过程的组织形式。

● 按产品零部件工艺规程合理地规定投产期。加强毛坯、零件和组件在各个工艺阶段的进度管理。

● 经常了解和掌握各种物资储备、采购情况。对因备料不足或不及时影响均衡生产负有一定的责任。

● 按工艺要求组织均衡生产,使品种、质量、数量和期限均达到要求,对于因均衡生产不力而造成的质量事故负责。

● 按工艺要求组织供应外协件,对外协件不符合工艺要求负责。

⑫ 安全环保部门:

● 负责吊装工具的审核。对于因审核不当或未参与审核而造成的安全事故负责。

● 对生产现场的人员操作和设备运行等不安全因素进行检查监督,保证安全生产。

● 协同企业有关部门进行三废治理,不断改善劳动环境。

● 负责组织开展安全教育。对于特殊工种的人员要进行安全技术培训和考核。

⑬ 企业管理部门:

● 负责组织工艺部门各项管理制度、工作标准、工作程序的制订与修订工作。

● 负责建立和协调工艺管理体系中各部门的工艺职能。

● 将"加强工艺管理、严格工艺纪律、提高工艺水平"等有关内容纳入工厂方针目标管理。

⑭ 生产技术准备部门:

● 根据企业的长远规划与年度生产大纲,负责编制、下达年度、季度、月生产技术准备计划,保证合理的工艺技术准备周期。

● 根据工艺要求,负责组织好产前技术准备,确保生产的正常进行。

● 负责制订工艺文件的发放单位和发放份数的有关文件。

⑮ 技术档案部门:

● 负责工艺文件、工艺装备、工艺标准、工艺情报、自制设备、工艺资料的归档、管理工作。

● 负责工艺文件的发放工作。

● 负责工艺文件、工艺装备、工艺标准、工艺情报、自制设备等工艺资料复制工作。

● 负责工艺文件的保密工作。

⑯ 人事部门:

● 结合本企业工艺机构设置情况,配齐工艺人员。工艺人员须达到比例要求。

● 负责组织工艺技术人员的出国考察、培训等工作。

⑰ 劳动部门:

● 按生产需要配齐各类生产人员,保证定人、定机、定工种的实现。

● 负责制订劳动工艺定额(也可在工艺部门制订),注意各工种、工序定额保持相对平衡。工艺规程发生变化时要及时修订劳动定额。保持定额的先进性、现实性和合理性。

⑱ 教育培训部门:

● 负责做好专业培训和工艺纪律教育工作。

● 做好生产前的工艺技术准备工作。新产品投产前应组织对工艺文件的消化和交接工作。

● 根据工艺流程合理地组织生产。

● 认真执行"三按""三检""三定",严格工艺纪律,按质、按量、按期完成生产任务。

● 负责组织车间验证工艺和工艺装备,对生产中出现的工艺、工艺装备问题应提出改进意见。

● 认真做好工序质量控制点的管理工作,分析和测定工序能力。当工序能力不足时采取措施加以调整,并参加工序质量、产品质量审核工作。

● 根据生产关键和薄弱环节组织攻关和技术革新,并确保规划的实现。对实现的项目要及时申请组织鉴定,对鉴定后项目要及时采用和推广。

● 加强设备的保养与维修,使车间设备经常处于完好状态。

（4）工艺人员岗位责任制

① 主任工艺员（主管工艺员）:

● 参加主管产品的技术任务书的讨论、新产品的开发调研和用户访问工作。了解国内外同类产品的制造技术。

● 负责组织专业工艺人员对所管产品的方案设计阶段、技术设计阶段、工作图设计阶段的方案评价及工艺性审查并会签。一般着重审查如下内容:结构方案的合理性和结构的继承性,结构的标准化、通用化、系列化程度,主要材料选用的合理程度,主要零件加工的可能性、主要参数的可检查性,主要配合精度的合理性及便于装配、调整和维修及总装配的可行性。零件的铸造、锻造、冲压、焊接、热处理、切削加工和装配的工艺性。

● 制订工艺方案,对工艺方案的科学性、经济性、正确性、可行性负责。工艺方案一般应有:根据产品生产性质、生产类型规定工艺文件的种类;确定主要承制车间,提出关键零部件的技术关键和工艺规程设计意见;提出专用设备、关键设备和新增计量器具以及特殊工、刃、量具的设计或购置意见,对关键工艺装备提出设计意见,确定工艺装备系数;提出对材料、毛坯的特殊要求,新工艺、新材料、新技术、新装备在本产品上的实施意见;对主要件(关键工序)工艺方案和工艺实验项目进行必要的技术经济分析,提出工艺试验项目;确保产品质量,提出各技术准备环节中冷、热工艺以及加工和装配等相互协调要求;制订关键部件的装配方案;制订外购件、外协件项目及要求;提出对工艺、工艺装备的验证要求;根据产品生产类型、复杂程度和技术要求等所需提出的其他内容。

● 指导主管产品工艺文件的设计,并负责制订管理性工艺文件。

● 负责审查主管产品的工艺装备设计订货任务书。

● 负责审查主管产品的工艺文件。对主管产品工艺文件的正确性、完整性、统一性负责。编制工艺文件目录。

● 在新产品投产前,协助分厂(车间)技术厂长(主任)组织好技术交接工作。

● 协助分厂(车间)组织专业工艺人员、工艺装备设计人员、施工员等对主管产品进行工艺验证和工艺装备的验证工作。参加主管产品大型及复杂工艺装备的验证工作。

● 负责新产品试制或小批试制的工艺总结,提出改进工艺、工艺装备或整顿意见。

● 经常深入车间,做好生产现场技术服务工作。调查研究影响产品质量薄弱环节,查明原因并提出解决措施。

● 协调冷、热加工工序之间的工艺要求,协调科内、外业务工作。

● 参加工艺攻关和工艺技术改造工作。

● 参加主管产品的质量检验工作和质量会议以及引进活动。

● 参加工艺纪律检查工作,掌握主管产品的工艺贯彻情况。

● 负责主管产品工艺文件的修改工作。对修改后工艺文件的正确、完整、统一负责。

②　专业工艺员：

● 负责分管产品零部件的工艺性审查(审查内容同主任工艺员部分)。

● 参加新产品工艺方案的制订工作,对分管的主要件、关键件工艺规程的设计提出意见。

● 按专业分工负责分管产品的冷加工工艺、装配工艺、热加工工艺等工艺规程的设计和有关管理性工艺文件的设计。确保工艺文件的正确、完整、统一。

● 提出所负责零部件的工艺装备设计、订货任务书,会签工艺装备图样。

● 协助主任工艺员做好新产品投产前的技术交底工作,向有关人员详细介绍保证零部件质量的工艺措施。

● 指导生产工人严格贯彻工艺规程。已经实施并验证的生产工人的合理化建议应纳入有关工艺文件。

● 负责分管的产品零部件的工艺验证和工艺装备验证工作。

● 参加分管产品的工序质量审核和产品质量审核工作,对质量审核中提出的工艺问题要积极采取措施妥善解决。

● 不断采用新材料、新工艺、新技术、新装备,积极参加工艺实验研究,不断提高工艺水平。

● 深入车间做好现场的服务工作,及时处理生产中出现的技术问题,保证生产顺利进行。

● 审批材料规格、代码。

● 参加工艺攻关和工艺技术改造工作。工艺攻关成果要纳入有关工艺文件。

● 参加工艺纪律检查工作,掌握分管产品零部件的工艺贯彻情况。

● 负责主管产品工艺文件的修改工作,对修改后工艺文件的正确、完整、统一负责。

③　工艺装备设计员：

● 工艺装备设计要严格贯彻国家标准、专业标准和企业标准,设计思想要符合工艺装备设计订货任务书中提出的技术要求。

● 积极采用现代工装设计技术,严格按照设计程序设计。对设计工艺装备的结构合理性、安全性、可靠性、经济性负责,并规定合理的检定周期和磨损极限。

● 对重大工艺装备、复杂工艺装备要提出详细设计方案,审查方案,经总工艺师或主管科长批准后方可设计。

● 对重大工艺装备、复杂工艺装备要编制使用说明书,以指导工人操作。

● 参加工艺装备验证工作,对工艺装备验证中出现的问题要及时解决。

● 经常深入生产现场,做好技术服务工作,指导工人正确使用工艺装备。

● 掌握国内外工艺装备设计动态和本行业工艺装备发展情报。积极参加技术开发的研究工作,参加必要的工艺攻关,不断推广应用新技术、新工艺、新材料,提高工艺装备设计水平。

● 负责工装图纸的修改工作,保证修改后的工装图纸正确、完整、统一。

④　施工员：

● 在主任工艺员组织下,参加分管产品的结构工艺性审查,结合本车间的工艺能力,提出意见或建议。

● 参加产品工艺方案的试验,对工艺方案所涉及的有关内容提出意见或建议。

● 会签有关工艺文件、工艺规程、工艺装备设计图样,会审主要零部件和总装配的工艺规程。

- 会同有关人员组织新产品(或老产品改进)投产前设计、工艺的技术交底工作。
- 负责熟悉分管产品的技术标准、设计图样、工艺规程,并按上述要求指导工人操作,严格贯彻执行。
- 对生产中发生的技术、质量问题及时处理,及时反馈问题。
- 参加工艺验证、工艺装备验证,负责撰写新产品的试制施工总结,参加新产品鉴定。
- 参加工序质量控制工作,经常检查工序质量控制点,使特性值处于受控状态。当出现问题时及时分析原因,采取措施,并参加工序质量审核。
- 负责因毛坯、设备、工艺装备、生产能力平衡等因素影响工艺贯彻时,按制度办理临时脱离工艺手续。
- 负责对不良品提出处理意见,按制度办理回用手续。
- 负责对生产中贯彻工艺的信息和质量信息及时向有关部门反馈。
- 参加新工艺、新材料、新装备、新技术的试验工作,和技术革新、技术攻关活动,并建议技术部门将其成果纳入有关技术文件。
- 参加工艺纪律检查和现场工艺管理。
- 完成上级领导交给的临时任务。

其他工艺人员岗位责任制,本章不再赘述。

案例四 异形支架零件的数控加工工艺文件编制

图 2-65 所示是异形支架的零件简图,试编制该零件的工艺文件。

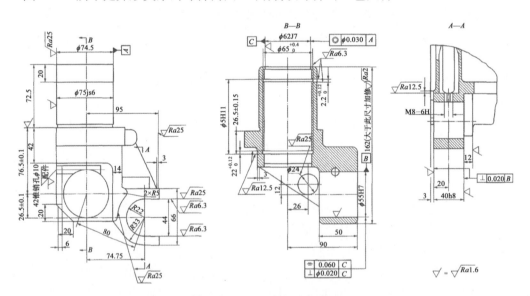

图 2-65 异形支架零件简图

任务分析

(1) 零件工艺分析 该异形支架的材料为铸铁,毛坯为铸件。该工件结构复杂,精度要求较高,各加工表面之间有较严格的位置度和垂直度等要求,毛坯有较大的加工余量,零件的工艺刚性差,特别是加工 40h8 部分时,如用常规加工方法在普通机床上加工,很难达到图纸要求。假如先在车床上一次加工完成 ϕ75js6 外圆、端面和 ϕ62J7 孔、2×2.2$_{0}^{+0.12}$槽,然后在镗床

上加工 $\phi 55H7$ 孔,要求保证对 $\phi 62J7$ 孔之间的对称度 0.06 mm 及垂直度 0.02 mm,就需要高精度机床和高水平操作工,一般很难达到上述要求。如果先在车床上加工 $\phi 75js6$ 外圆及端面,再在镗床上加工 $\phi 62J7$ 孔,$2 \times 2.2_0^{+0.12}$ 槽及 $\phi 55H7$ 孔,虽然较易保证上述对称度和垂直度,但却难以保证 $\phi 62J7$ 孔与 $\phi 75js6$ 外圆之间 $\phi 0.03$ mm 的同轴度要求,而且需要特殊刀具切 $2 \times 2.2_0^{+0.12}$ 槽。

另外,完成 40h8 尺寸需两次装卡,调头加工,难以达到要求;$\phi 55H7$ 孔与 40h8 尺寸需分别在镗床和铣床上加工完成,同样难以保证其对 B 孔的 0.02 mm 垂直度要求。

(2) 选择加工中心 通过零件的工艺分析,确定该零件在卧式加工中心上加工。根据零件外形尺寸及图纸要求,选定国产 XH754 型卧式加工中心。

任务实施

1. 选择在加工中心上加工的部位及加工方案

(1) $\phi 62J7$ 孔 粗镗—半精镗—孔两端倒角—铰。

(2) $\phi 55H7$ 孔 粗镗—孔两端倒角—精镗。

(3) $2 \times 2.2_0^{+0.12}$ 空刀槽一次切成。

(4) 44 U 形槽 粗铣—精铣。

(5) $R22$ 尺寸 一次镗。

(6) 40h8 尺寸两面 粗铣左面—粗铣右面—精铣左面—精铣右面。

2. 确定加工顺序

$B0°$:粗镗 $R22$ 尺寸—粗铣 U 形槽—粗铣 40h8 尺寸左面。

$B180°$:粗铣 40h8 尺寸右面。

$B270°$:粗镗 $\phi 62J7$ 孔—半精镗 $\phi 62J7$ 孔—切 $2 \times \phi 65_0^{+0.4} \times 2.2_0^{+0.12}$ 艮刀槽—$\phi 62h7$ 孔两端倒角。

$B180°$:粗镗 $\phi 55H7$ 孔—孔两端倒角—$B0°$:精铣 U 形槽—精铣 40h8 左端面—$B180°$:精铣 40h8 右端面—精镗 $\phi 55H7$ 孔—$B270°$:铰 $\phi 62J7$ 孔。

具体工艺过程,见表 2 - 14。

表 2 - 14 工艺过程卡

（工厂）	数控加工工艺过程卡片		产品名称或代号	零件名称		材料	零件图号	
				异形支架		铸铁		
工序号	程序编号	夹具名称	夹具编号	使用设备			车间	
		专用夹具		XH754				
工步号	工步内容		加工面	刀具号	刀具规格/ram	主轴转速/(r/min)	进给速度/(mm/min)	背吃刀量/mm	备注
	$B0°$								
1	粗镗 $R22$ 尺寸			T01	$\phi 42$	300	45		
2	粗铣 U 形槽			T02	$\phi 25$	200	60		

续　表

（工厂）	数控加工工工艺过程卡片	产品名称或代号	零件名称	材料	零件图号
			异形支架	铸铁	
3	粗铣 40h8 尺寸左面	T03	φ30	180	60
	B180°				
4	粗铣 40h8 尺寸右面	T03	φ30	180	60
	B270°				
5	粗镗 φ62J7 孔至 φ61	T04	φ61	250	80
6	半精镗 φ62J7 孔至 φ61.85	T05	φ61.85	350	60
7	切 $2 \times \phi 65^{+0.5}_{0} \times 2.2^{+0.12}_{0}$ 槽	T06	φ50	200	20
8	φ62J7 孔两端倒角	T07	φ66	100	40
	B180°				
9	粗镗 φ55H7 孔至 φ54	T08	φ54	350	60
10	φ55H7 孔两端倒角	T09	φ66	100	30
	B0°				
11	精铣 U 形槽	T02	φ25	200	60
12	精铣 40h8 尺寸左端面	T10	φ66	250	30
	B180°				
13	精铣 40h8 尺寸右端面	T10	φ66	250	30
14	精镗 φ55H7 孔至尺寸	T11	φ55H7	450	20
	B270°				
15	铰 φ62J7 孔至尺寸	T12	φ62J7	100	80
编制		审核	批准		共 1 页　第　页

3. 确定装夹方案和选择夹具

支架在加工时，以 φ75js6 外圆及 26.5±0.15 尺寸上面定位（两定位面均在前面车床工序中先加工完成）。工件安装简图如图 2-66 所示。

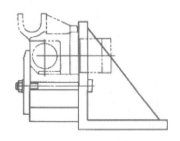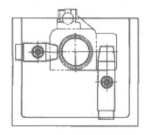

图 2-66　工件安装简图

4. 选择刀具

各工步刀具直径根据加工余量和加工表面尺寸确定,详见表 2-15。

表 2-15 数控加工刀具卡片

产品名称或代号		零件名称	异形支架	零件图号		程序编号	
工步号	刀具号	刀具名称	刀柄型号	刀具		补偿值/mm	备注
				直径/mm	长度/mm		
1	T01	镗刀 $\phi42$	JT40 - TQC30 - 270	$\phi42$			
2	T02	长刃铣刀 $\phi25$	JT40 - MW3 - 75	$\phi15$			
3	T03	立铣刀 $\phi30$	JT40 - MW4 - 85	$\phi30$			
4	T03	立铣刀 $\phi30$	JT40 - MW4 - 85	$\phi30$			
5	T04	镗刀 $\phi61$	JT40 - TQC50 - 270	$\phi61$			
6	T05	镗刀 $\phi61.85$	JT40 - TZC50 - 270	$\phi61.85$			
7	T06	切槽刀 $\phi50$	JT40 - M4 - 95	$\phi50$			
8	T07	倒角镗刀 $\phi66$	JT40 - TZC50 - 270	$\phi66$			
9	T08	镗刀 $\phi54$	JT40 - TZC40 - 240	$\phi54$			
10	T09	倒角刀 $\phi66$	JT40 - TZC50 - 270	$\phi66$			
11	T02	长刃铣刀 $\phi25$	JT40 - MW3 - 75	$\phi25$			
12	T10	镗刀 $\phi66$	JT40 - TZC40 - 180	$\phi66$			
13	T10	镗刀 $\phi66$	JT40 - TZC40 - 180	$\phi66$			
14	T11	镗刀 $\phi55$ H7	JT40 - TQC50 - 270	$\phi55H7$			
15	T12	铰刀 $\phi62J7$	JT40 - K27 - 180	$\phi62J7$			
编制		审核		批准		共 页	第 页

任务小结

（1）加工中心工艺特点。

（2）成组工艺。

（3）装配工艺。

（4）机械加工生产率分析。

（5）机械加工工艺过程的技术经济分析。

（6）机械加工质量分析。

（7）机械加工误差的综合分析。

（8）提高机械加工精度的工艺措施。

（9）机械加工工艺管理基础。

任务思考

（1）加工中心工艺特点是什么？

（2）什么是成组工艺？成组工艺编码方法有哪些？

（3）什么是装配工艺规程？包括哪些内容？有什么作用？

（4）提高劳动生产率的途径有哪些？

（5）工艺成本的组成有哪些？

（6）表面质量的含义有哪些？为什么表面质量与加工质量同等重要？

（7）影响加工精度的因素有哪些？

（8）机械加工误差根据性质分几类？

（9）提高机械加工精度的工艺措施有哪些？

（10）工艺管理的意义是什么？

（11）工艺管理与企业管理的关系是什么？

（12）企业的工艺管理体系有哪些部门？

第三篇

数控特种加工工艺

任务导航 本篇主要介绍数控特种加工工艺从业人员必须掌握的基本概念、基础理论及数控特种加工工艺设计的基本技能。主要内容有数控特种加工的基本概念,数控特种加工的种类及工艺特点,数控特种加工工艺文件的编制方法。

任务5 数控特种加工工艺员

5.1 特种加工概述

特种加工是 20 世纪 40 年代发展起来的。由于材料科学、高新技术的发展,激烈的市场竞争和发展尖端国防及科学研究的急需,不仅新产品更新换代日益加快,而且产品要求具有很高的强度重量比和性能价格比,正朝着高速度、高精度、高可靠性、耐腐蚀、高温高压、大功率、尺寸大小两极分化的方向发展。为此,各种新材料、新结构、形状复杂的精密机械零件大量涌现,对机械制造业提出了一系列迫切需要解决的新问题。例如,各种难切削材料的加工,各种结构形状复杂、尺寸或微小或特大、精密零件的加工,薄壁、弹性元件等刚度、特殊零件的加工等。采用传统加工方法十分困难,甚至无法加工。于是,人们一方面通过研究高效加工的刀具和刀具材料、自动优化切削参数、提高刀具可靠性和在线刀具监控系统、开发新型切削液、研制新型自动机床等途径,进一步改善切削状态,提高切削加工水平,并解决了一些问题;另一方面,则冲破传统加工方法的束缚,不断地探索、寻求新的加工方法,于是一种本质上区别于传统加工的特种加工便应运而生,并不断发展。后来,由于新颖制造技术的进一步发展,人们就从广义上来定义特种加工,即将电、磁、声、光、化学等能量或其组合,施加在工件的被加工部位,实现材料的去除、变形、改变性能或镀覆等非传统加工方法,统称为特种加工。

特种加工不用机械能,与加工对象的机械性能无关。有些加工方法,如激光加工、电火花加工、等离子弧加工、电化学加工等,是利用热能、化学能、电化学能等,这些加工方法与工件的硬度、强度等机械性能无关,故可加工各种硬、软、脆、热敏、耐腐蚀、高熔点、高强度、特殊性能的金属和非金属材料;非接触加工不一定需要工具,有的虽使用工具,但与工件不接触,因此,工件不承受大的作用力,工具硬度可低于工件硬度,使刚性极低元件及弹性元件得以加工;微细加工,工件表面质量高。有些特种加工,如超声、电化学、水喷射、磨料流等,加工余量都很微细,故不仅可加工尺寸微小的孔或狭缝,还能获得高精度、极低粗糙度的加工表面;不存在加工中的机械应变或大面积的热应变,可获得较低的表面粗糙度,其热应力、残余应力、冷作硬化等均比较小,尺寸稳定性好;两种或两种以上的不同类型的能量可相互组合形成新的复合加工,其综合加工效果明显,且便于推广使用;特种加工对简化加工工艺、变革新产品的设计及零件结构工艺性等产生积极的影响。各种特种加工工艺能力见表3-1。特种加工具有如下特点:

表 3-1 各种特种加工方法的工艺能力

加工方法	工艺能力				
	精度/μm	表面粗糙度/μm	表面损伤层深/μm	加工圆角半径/mm	材料去除率/(mm³/min)
电火花成型加工	15	0.2~12.5	125	0.025	800
电子束加工	25	0.4~2.5	250	2.5	1.6
等离子弧加工	125	粗糙	500	—	75 000
激光加工	25	0.4~12.5	125	2.5	0.1
电解加工	50	0.1~2.5	5.0	0.025	1 500
电解磨削	20	0.02~0.08	5.0	—	1 500
化学加工	50	0.4~2.5	50	0.125	15
超声加工	75	0.2~0.5	25	0.025	300
磨料喷射加工	50	0.5~1.2	2.5	0.10	0.8

(1)特种加工技术是先进制造技术的重要组成部分 一方面计算机技术、信息技术、自动化技术等在特种加工中已获得广泛应用,逐步实现了加工工艺及加工过程的系统化集成;另一方面,特种加工能充分体现学科的综合性,学科(声、光、电、热、化学等)和专业之间不断渗透、交叉、融合。因此,特种加工技术本身同样趋于系统化集成的发展方向。这两方面说明,特种加工技术已成为先进制造技术的重要组成部分。一些发达国家也非常重视特种加工技术的发展,例如,日本把特种加工技术和数控技术作为跨世纪发展先进制造技术的两大支柱。特种加工技术已成为衡量一个国家先进制造技术水平和能力的重要标志。

(2)特种加工具有独特的加工机理 特种加工不是依靠刀具、磨具等加工,而主要依靠电能、热能、光能、声能、磁能、化学能及液动力能等加工,其加工机理与金属切削机床完全不同。能量的发生与转换、使能过程的控制是特种加工高新技术的重要部分。

(3)增材加工是特种加工的重要发展方向 金属切削机床、特种加工机床一大部分是减材加工。我国从20世纪80年代末发展起来的快速成形(RP)加工技术是特种加工技术中增材加工的新领域。它利用分层制造原理(离散堆积)及分层处理软件,理论上可以制造任意复杂形状的零、部件,能适应高科技、个性化、小批量生产的需要。

(4)特种加工可以进行两种或两种以上能量的复合加工 一般来说,组合加工是指在一台机床上交替使用两种不同加工形式(能量)的加工方式;复合加工是指在一台机床上实现两种或两种以上能量（形式）在加工过程中同时作用的加工方式。例如,电能和声能、化学能和电能、光能和化学能、化学能和电能及机械能等复合,以获得高效或精密加工的效果。

（5）特种加工技术应用领域的重要性和特殊性　特种加工适用于各种高硬度、高强度、高韧性、高脆性、微细等金属和非金属材料的加工,以及各种新型、特殊材料的加工,在航空航天、军工、汽车、模具、冶金、机械、电子、轻纺、交通等工业中解决了大量传统机械加工难于解决的关键、特殊的加工难题。所以,在国民经济的众多关键制造工业中发挥着极其重要的、不可替代的作用。各种特种加工方法所适用的工件材料见表3-2。例如,在航空航天工业中各类复杂深小孔加工,发动机蜂窝环、叶片、整体叶轮加工,特殊材料的切割加工,钛合金加工等。在军事工业中,核武器及高新技术武器几乎全是特殊材料和高新技术材料,各种零件的成形加工、各种孔加工、精密薄材加工等特种加工发挥着特殊重要的作用。

表 3-2　各种特种加工方法所适用的工件材料

加工方法	铝	钢	高合金钢	钛合金	耐火材料	塑料	陶瓷	玻璃
电火花加工	△	○	○	○	□	×	×	×
电子束加工	△	△	△	△	○	△	○	△
等离子弧加工	○	○	○	△	□	□	×	×
激光加工	△	△	△	△	○	△	○	△
电解加工	△	○	○	△	△	×	×	×
化学加工	○	○	△	△	□	□	□	△
超声加工	□	△	□	△	○	△	○	○
磨料喷射加工	△	△	○	△	○	△	○	○

注：○—好,△—尚好,□—不好,×—不适用。

5.2　特种加工的种类及工艺特点

一、电火花加工

电火花加工可分为电火花线切割加工和电火花成型加工两种方式。

1. 电火花线切割加工

电火花线切割加工不是靠成型的电极工具将尺寸形状复制在工件上,而是靠连续地沿自身轴线行进的金属电极丝与工件间的火花放电来切割工件,工件加工部位的形状是由电极丝和工件切割过程中的连续相对运动形成的。常用的电极丝有钼丝、钨丝、黄铜丝和涂层金属丝等。

电火花线切割加工可替代传统的电火花穿孔加工,适用于大多数的冲裁模具加工,还广泛用于加工各种样板、平面凸轮、卡尺等工件,以及微细孔,和任意曲线形窄缝、槽、工具电极的加工。

电火花线切割机床大部分采用微机控制系统。如图3-1所示为数控线切割机床的工作

原理。卷绕在丝筒 6 上的电极丝 8 与高频脉冲电源 7 的负极相接,由导向支承张紧,做连续高速往复运动以减小电极丝的损耗。工件 5 安装在工作台 9 上,与脉冲电源的正极连接,并随工作台作 X、Y 两个方向的运动,从而形成各种形状的二维曲线轮廓。工作液(介质)由喷嘴 3 以一定的压力喷向加工区(也有将整个工作区沉浸在工作液中的)。当脉冲电压击穿电极丝和工件之间的极间间隙时,产生火花放电而蚀除工件。

一般的坐标工作台有两个相互垂直方向的坐标,每个方向均由数控装置控制,通过两个步进电机和两套滚珠丝杠副,驱动机床工作台的拖板移动。切割前,按照工件图纸上被加工表面的形状和尺寸编制成程序,将其输入计算机,切割时就可以通过计算机实现两个坐标方向的运动合成,从而切割出各种形状的工件表面。

电火化线切割机床如图 3-2 所示。

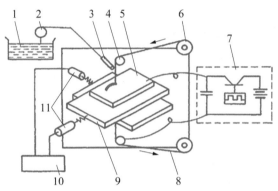

1—工作液;2—泵;3—喷嘴;4—导向器;5—工件;6—丝筒;7—脉冲电源;8—电极丝;9—坐标工作台;10—数控装置;11—步进电机

图 3-1 数控线切割机床的工作原理

图 3-2 电火花线切割机床

2. 电火花成型加工

电火花成型加工又称放电加工,也有称为电脉冲加工的,它是一种直接利用热能和电能进行加工的工艺。电火花加工与金属切削加工的原理完全不同,在加工过程中,工具和工件不接触,而是靠工具和工件之间的脉冲火花放电,产生局部、瞬时的高温把金属材料逐步蚀除掉。由于放电过程可见到火花,所以称为电火花成型加工。

工件与工具电极分别连接到脉冲电源的两个不同极性的电极上。两电极间加上脉冲电压,工件和电极间保持适当的间隙,就会把工件与工具电极之间的工作液介质击穿,形成放电通道。放电通道中产生瞬时高温,使工件表面材料熔化甚至气化,同时也使工作液介质气化,在放电间隙处迅速热膨胀并爆炸,工件表面一小部分材料被蚀除掉,形成微小的电蚀坑。脉冲放电结束后,经过一段时间间隔,工作液恢复绝缘。脉冲电压反复作用在工件和工具电极上,上述过程不断重复,工件材料就逐渐被蚀除掉。伺服系统调整工具电极与工件的相对位置,自动进给,保证脉冲正常放电。如图 3-3 所示为电火花成型加工原理示意图。电火花成型加工机床如图 3-4 所示。电火花加工作品如图 3-5 所示。

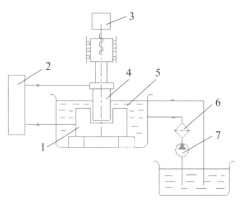

1—工件;2—脉冲电源;3—自动进给调节系统;
4—工具;5—工作液;6—过滤器;7—工作液泵

图 3-3 电火花成型加工原理示意图

图 3-4 电火花成型机床

图 3-5 电火花加工作品

电火花成型加工的特点是:

● 适合于用传统机械加工方法难以加工的材料加工,表现出"以柔克刚"的特点;

● 可加工特殊及复杂形状的零件;

● 可实现加工过程自动化;

● 可以改进结构设计,改善结构的工艺性;

● 可以改变零件的工艺路线。

二、超声加工

超声加工(USM, ultrasonic machining)是利用超声振动,在有磨料的液体介质中或干磨料中,产生磨料的冲击、抛磨、液压冲击及由此产生的气蚀作用来去除材料,利用超声振动使工件相互结合的加工方法。

1. 超声加工的基本原理

高频电源连接超声换能器,将电振荡转换为同一频率、垂直于工件表面的超声机械振动,其振幅仅 0.005~0.01 mm,再经变幅杆放大至 0.05~0.1 mm,以驱动工具端面做超声振动。此时,磨料悬浮液(磨料、水或煤油等)在工具的超声振动和一定压力下,不停地高速冲击悬浮液中的磨粒,并作用于加工区,使该处材料变形,直至击碎成微粒和粉末。同时,由于磨料悬浮液的不断搅动,促使磨料高速抛磨工件表面;又由于超声振动产生的空化现象,在工件表面形

成液体空腔,促使混合液渗入工件材料的缝隙里,而空腔的瞬时闭合产生强烈的液压冲击,强化了机械抛磨工件材料的作用,并有利于加工区磨料悬浮液的均匀搅拌和加工产物的排除。随着磨料悬浮液不断地循环、磨粒的不断更新、加工产物的不断排除,实现了超声加工的目的。总之,超声加工是磨料悬浮液中的磨粒,在超声振动下的冲击、抛磨和空化等综合切蚀的结果。其中,以磨粒不断冲击为主。由此可见,脆硬的材料受冲击作用容易被破坏,故尤其适于超声加工。超声加工原理示意图如图3-6所示。

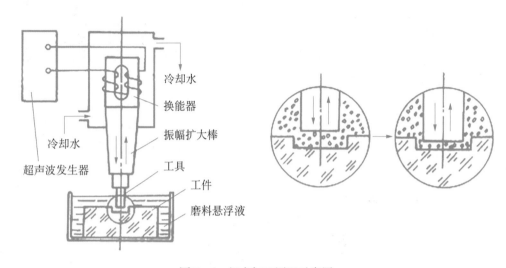

图3-6 超声加工原理示意图

2. 超声加工的应用

(1)成型加工 主要用于对脆硬材料加工圆孔、型孔、型腔、套料、微细孔等,如图3-7所示。

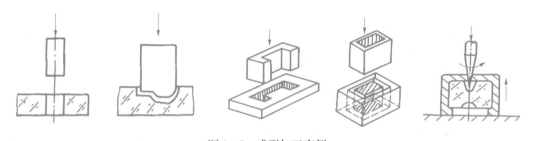

图3-7 成型加工实例

(2)切割加工 用普通机械加工切割脆硬的半导体材料很困难,采用超声切割较为有效,如图3-8～图3-10所示。

三、电子束离子束加工

1. 电子束加工概述

电子束加工技术在国际上日趋成熟,应用范围广。国外定型生产的40～300 kV的电子枪(以60、150 kV为主),已普遍采用CNC控制,多坐标联动,自动化程度高。电子束焊接已成功地应用在特种材料、异种材料、空间复杂曲线、变截面焊接等方面。目前正在研究的焊缝自

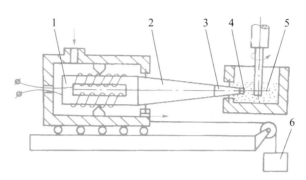

1—换能器；2—变幅杆；3—工具头；4—金刚石；5—切割工具；6—重锤

图 3 - 8　超声波切割金刚石

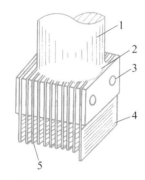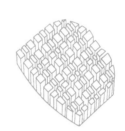

图 3 - 9　成批切槽刀具　　　　图 3 - 10　切割成的陶瓷模块

动跟踪、填丝焊接、非真空焊接等，最大焊接熔深可达 300 mm，焊缝深宽比为 20∶1。电子束焊已用于运载火箭、航天飞机等主承力构件大型结构的组合焊接，以及飞机梁、框、起落架部件、发动机整体转子、机匣、功率轴等重要结构件和核动力装置压力容器的制造。例如，F - 22 战斗机采用先进的电子束焊接，减轻了飞机重量，提高了整机的性能；苏- 27 及其他系列飞机中的大量承力构件，如起落架、承力隔框等，均采用了高压电子束焊接技术。

电子束加工技术今后应积极拓展专业领域，紧密跟踪国际先进技术的发展，针对需求，重点开展电子束物理气相沉积关键技术研究、主承力结构件电子束焊接研究、电子束辐照固化技术研究、电子束焊机关键技术研究等。

2. 电子束加工原理

经电磁透镜聚焦的高能电子束流在真空条件下直接轰击工件表面，使加工区域材料熔化和气化从而实现加工。电子束加工的应用领域有窄缝加工、曲面加工、刻蚀、焊接。

3. 离子束加工

表面功能涂层具有高硬度、耐磨、抗蚀功能，可显著提高零件的寿命，在工业上具有广泛用途。美国及欧洲国家目前多数用微波 ECR 等离子体源来制备各种功能涂层。等离子体热喷涂技术已经进入工程化应用，已广泛应用在航空、航天、船舶等领域的产品关键零部件耐磨涂层、封严涂层、热障涂层和高温防护层等方面。

等离子焊接已成功应用于 18 mm 铝合金的储箱焊接。配有机器人和焊缝跟踪系统的等

离子体焊在空间复杂焊缝的焊接也已实用化。微束等离子体焊在精密零部件的焊接中应用广泛。我国等离子体喷涂主要用于耐磨涂层、封严涂层、热障涂层和高温防护涂层等。

真空等离子体喷涂技术和全方位离子注入技术已开始研究,与国外尚有较大差距。等离子体焊接在生产中虽有应用,但焊接质量不稳定。

离子束及等离子体加工技术今后应结合已取得的成果,针对需求,重点开展热障涂层及离子注入表面改性的新技术研究。同时,在已取得初步成果的基础上,进一步开展等离子体焊接技术研究。

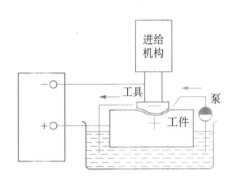

图 3 - 11　电解加工

四、电解加工

电解加工是利用金属在电解液中产生阳极溶解的原理,使工件加工成形。金属电极在电解液中会发生阳极溶解及阴极沉积等电化学现象。工作原理如图 3-11 所示,工件接直流电源的正极,工具接负极,在工具与工件之间保持较小的间隙(0.1~0.8 mm),使电解液以一定的压力(0.5~2 MPa)和速度(5~50 m/s)从间隙中流过。当接通直流电源(电压为 5~25 V,电流密度 10~1 000 A/cm²)后,工件(阳极)与阴极接近的表面金属开始电化学反应,不断地发生阳极溶解,溶解产物被高速的电解液及时冲走。逐渐使工具的形状复映到工件上,获得所需要的加工表面形状。在工件金属溶解的过程中,工具向工件作缓慢的进给,以保持其恒定的间隙。

常用的电解液有 NaCl、NaNO$_3$ 和 NaClO$_3$ 等。其中,NaCl 加工速度快、成本低,但加工精度低,且对加工机床腐蚀严重。NaNO$_3$ 电解液成型精度高、腐蚀性小且阴极有氨气析出,但生产率低。NaClO$_3$ 电解液的加工精度和生产率均高,对设备腐蚀作用小,但价格高,且易燃。

电解加工是一种比较成熟的加工方法。主要用于加工小直径深孔,四方、六方、椭圆、半圆形的通孔和盲孔,型腔,内齿轮,异形零件等,也可用于刻印、去毛刺、珩磨、抛光等。

电解加工有如下特点:

(1) 可加工任何导电材料　不受材料的强度、硬度、脆性、韧性、熔点、导热性等的限制,对高温合金、钛合金、不锈钢及硬质合金等均能加工。

(2) 加工成型的生产率高　由于电流密度大,去除金属速度快,约为电火花加工的 5~10 倍。

(3) 表面质量好　加工表面无残余应力和变形,无刀痕、飞边和毛刺,适用于易变形工件或薄壁零件的加工。

(4) 工具阴极理论上无损耗,可长期使用　由于阴极工具材料本身不参与电极反映,工具材料又是抗蚀性良好的不锈钢或黄铜等,所以除特殊情况(如产生火花短路)外,工具阴极基本上没有损耗。但阴极制造精度影响电解工件的尺寸精度,因加工间隙的控制较困难,其加工精度较差,仅达 IT7~IT9 级,但是粗糙度低至 Ra1.25~0.16 mm。而加工表面处,圆角半径大于 0.2 mm。

电解加工设备投资较大,占地面积多,加工耗电量大;工具阴极制造复杂。电解液有腐蚀作用,要注意防护;电解产物有污染,要妥善处理。

五、电解磨削

电解磨削是电化学机械加工的一种,它是靠电化学阳极溶解和机械磨削复合加工的。导电砂轮常为电镀金刚石砂轮,或者用铜粉、石墨做黏结剂制成的砂轮。将导电砂轮接负极,工件接正极。在砂轮与工件间喷入电解液,接入直流电源后,工件表面层发生电解作用,产生一层氧化物或氢氧化物薄膜,又称阳极薄膜。阳极薄膜迅速被导电砂轮中的磨料刮除,新的金属表面又被继续电解。这样,使电解作用和刮除薄膜的磨削作用交替地进行。在电解磨削过程中,金属主要靠电解作用蚀除,而砂轮只起刮除阳极膜和整平加工表面的作用。

电解磨削的主要工作参数为:工作电压 $5 \sim 15$ V,电流密度 $50 \sim 200$ A/cm^2,磨削压力 $0.1 \sim 0.3$ MPa,加工间隙 $0.01 \sim 0.1$ mm,砂轮粒度 $40 \sharp \sim 100 \sharp$。电解液一般采用 NaNO$_3$、NaNO$_2$ 等。

电解磨削与机械磨削相比,生产率提高好几倍,砂轮磨耗量低得多,且消耗电量比电解加工低得多,其加工精度高于电解加工,与磨削相近,表面粗糙度比磨削低。

电解磨削适用于加工淬硬钢、不锈钢、耐热钢、硬质合金,特别对硬质合金刀具刃磨及模具的磨削更为有利,不仅可以磨出高的精度、低的表面粗糙度,而且避免了表面裂纹,可磨出平直而锋利的刀刃,能提高刀具的耐用度。

电解磨削属于电化学机械加工类。此外,还有电解珩磨和电解研磨等,其工作原理与电解磨削相似。

六、激光加工

入射光子使处于亚稳态高能级的原子、离子或分子跳跃到低能级时,受激励辐射所发出的光称为激光。让某些物质的原子逐步吸收光能,暂时储存在该原子内部,而后使其受激励,瞬时以光的形式以同一波长的单色光发射出来。而受激励辐射所发出的光子与引起受激励辐射的入射光子在相位、波长、振动及传播方向等方面完全一致。因此,激光除了有一般光的共性外,它的特点是强度高、方向性强、单色性和相干性好等。

所谓激光的强度高,也就是能量密度高,即单位时间内通过单位面积的光能量(功率)多。利用光学系统可将入射光子聚焦成一束直径仅几微米到几十微米的光斑,获得极高的能量密度($10^7 \sim 10^{10}$ W/cm^2)和极高的温度(10^4℃以上)。在千分之几秒或更短时间内使难熔材料熔化,直到气化蒸发,蚀除局部材料。为有利于蚀除物的排除,还需对加工区吹氧或吹惰性气体,如氮气等。

一般的看法是:当能量密度极高的激光束照射到加工表面时,光能转换成热能,照射斑点局部区域温度迅速上升,使工件金属熔化、气化蒸发,形成小凹坑。随着光能的继续吸收,凹坑中金属蒸气突然膨胀,压力增高,产生微型爆炸,形成方向性强的冲击波,把熔融物高速喷射出去,就完成了打孔加工。

激光加工机床种类繁多,基本组成有 4 个部分:激光器、电源、光学系统和机械系统,如图 3-12 所示。其中激光器是关键器件,激光加工中通

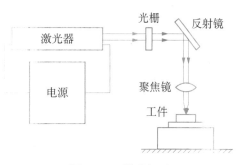

图 3-12 激光加工

常采用两类激光器:固体激光器(如红宝石的、钕玻璃及钇铝石榴石 YAG)、气体激光器(如 CO_2、氦-氖气激光器)。激光加工要求激光器输出能量大、峰值功率高、结构紧凑、牢固耐用,目前单根 YAG 晶体棒的连续输出能量已有数百瓦,几根串联使用可达数千瓦。但是,固体激光器的能量效率低,CO_2 气体激光器的能量效率较高,可达 25%,输出功率大,有的高达上万瓦,现广泛用于金属热处理、切割、焊接、金属表面合金化等加工。

(1) 激光加工特点　由于激光的功率密度高,可加工高强度、高硬度、高韧性、高脆性、高熔点的金属或非金属材料,加工速度快,效率高,热影响区域变形小。由于激光光斑直径小,理论上可达 1 mm 以下,且输出功率可以调节,故能加工直径 1 mm 以下的微小孔,深径比可达 10 以上。激光加工为非接触加工,可加工薄壁、弹性件等低刚性零件,可对难于加工部位打孔,不存在工具损耗,易实现加工过程自动化。能通过透明材料进行加工。加工精度和表面粗糙度较差。加工表面光泽或透明材料时,需预先色化或打毛处理,以增加材料吸光率。

(2) 激光加工的应用范围

① 激光打孔:打微型小孔,如火箭发动机和柴油机的燃料喷嘴加工;化学纤维喷丝头小孔加工,喷丝头由硬质合金制作,在 F100 mm 直径的板上打出直径为 F60 μm 的小孔共 12 000 多个;钟表或仪表的宝石轴承上打出 F0.12~0.18 mm,深 0.6~1.2 mm 的孔;金刚石拉丝模以及复合材料上打孔等。

② 激光切割:YAG 激光切割速度为 10~30 mm/s,宽度 0.06 mm,可将 1 cm^2 的硅片切割成几十个集成电路块,或几百个晶体管芯。CO_2 激光切割机可附有氧气喷枪,可用 45 mm/s 的速度切割 6 mm 厚的钛板。

③ 激光焊接:激光焊接所需的能量密度比打孔时低得多。脉冲输出的红宝石激光器和钕玻璃激光器适用于点焊;连续输出的 CO_2 激光器和 YAG 激光器适用于缝焊。

(3) 影响激光加工的因素　主要包括:

① 激光照射时间应适宜。激光束的能量等于激光器的输出功率与照射时间的乘积。照射时间若过长,会使热量扩散;若太短则使能量密度过高,使蚀除材料气化。两者均会使激光的能量效率降低。

② 焦距、发散角和焦点位置对打孔孔径、深度和形状精度有直接的影响。采用短焦距的聚焦物镜,减小激光束的发散角,可使打出的孔小而深,且锥度小。焦点的位置应处于工件表面或略低于工件表面。若焦点位置高,则使孔径扩大,且深度变浅;过低则会使孔呈喇叭口形状。

③ 照射次数多,可以使孔深度增加。并能减小锥度,孔径基本不变。但照射 20~30 次后孔深会出现饱和值,就不会继续加深。

④ 光斑内的能量分布对所打孔的圆度有影响。希望以焦点为中心对称分布,中心强度最大,离中心越远其强度递减,才能保证孔的圆度。

⑤ 激光加工机的机械系统和光学系统的精度要能适应激光的加工精度。激光加工精度往往是 1~10 mm 数量级。

⑥ 不同材料的工件对不同波长激光的吸收率不同,会影响加工效率。

案例五　**凹模零件的数控线切割加工工艺文件编制**

图 3-13 所示凹模零件为落料凹模板零件,试分析数控线切割加工工艺。

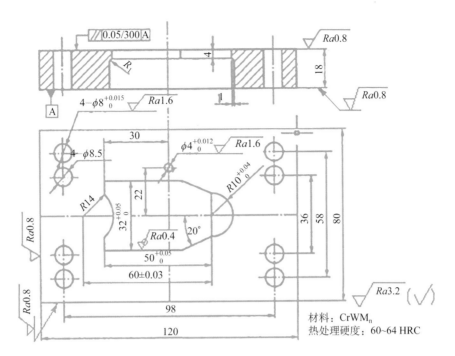

图 3 - 13　凹模零件图

任务分析

1. 零件结构及工艺分析

零件材料为 CrWMn,要求热处理后硬度为 60～64HRC,其他技术要求参见图 3‑13。

2. 零件工艺性分析

(1) 结构分析　该零件为典型的型孔板类零件,其外形尺寸为 120 mm×80 mm×18 mm,成形部分为不规则型孔,由线段和凸、凹圆弧组成,其下端加工有漏料孔,另有安装定位孔 $\phi4$、4‑$\phi8$、4‑$\phi8.5$,均为通孔。从模具制造工艺的角度来分析,该成形零件可按单型孔板类零件来加工。

(2) 模具材料及热处理分析　模具材料是模具的制造基础,合理选择材料、正确实施热处理工艺是保证模具寿命、提高模具质量和使用效能的关键技术。选择模具材料应考虑其使用性能要求和工艺性能要求。该零件为落料凹模,选择低变形冷作模具钢 CrWMn 作为模具材料,其主要化学成分($w\%$)为:C,1.0;Mn,1.0;Cr,1.0;W,1.40。

CrWMn 钢具有较好的淬透性,淬火变形小、耐磨性、热硬性、强度、韧性均优于碳素工具钢,主要用于制造要求变形小、形状较复杂的轻载冲裁模等。

CrWMn 钢具有良好的锻造性能,锻造温度范围为 800～1 140℃,锻后空冷到 650～700℃ 转入热灰中缓冷。但该钢碳化物偏析较严重,锻后缓冷易形成网状碳化物,故锻造时需要反复锻粗拔长。

CrWMn 钢锻后应等温球化退火,加热温度为 790～830℃,等温温度为 700～720℃,退火后硬度为 255～207 HBW。

CrWMn 钢具有良好的淬透性,采用 800℃ 加热淬火时,在获得较高硬度(63HRC)的同时,还可以获得最高的抗弯强度和韧性。另外,采用等温淬火对提高 CrWMn 钢的强韧性有显著效果,对于易断裂的模具可采用等温淬火。要获得大于 60HRC 的硬度,回火温度应不超过 200～220℃。

（3）零件毛坯形式选择　根据该零件结构、材料及使用性能要求，确定毛坯为锻件，锻造时采用多向辙拔法，锻件残余网状碳化物、带状碳化物及碳化物偏析3项不高于2级。锻后等温球化退火。

（4）精度要求分析　该零件为成形零件，有较高的加工精度要求。选择加工工艺及方法时应充分考虑这方面的要求，进而保证零件的使用质量及使用寿命。

① 尺寸精度，主要是成形部分尺寸精度及定位孔的尺寸精度要求较高。

② 形位精度上、下外表面有平行度要求，相邻外表面有垂直度要求，成形部分应保证形状精度。

③ 表面粗糙度成形部位 $Ra0.4$，重要定位面为 $Ra0.8$，其他部位为 $Ra1.6\sim3.2$。

任务实施

1. 拟定工艺方案

对复杂型面凹模制造工艺，应根据凹模形状、尺寸、技术要求并结合本单位设备情况等具体条件确定。

（1）下料—锻造—退火—铣（刨）六面—平磨＋钳（画线，做各孔）—钳工压印—精铣内形—钳修至成品尺寸—淬火—回火—平磨—钳研抛光；

（2）下料—退火—铣六面—平磨—划线—钳工（做各孔及钻中心工艺孔）—铣漏料孔—淬火—回火—平磨—数控线切割—钳工研磨。

第一种方案为传统加工方法，先用仿形刨或精密铣床等设备将凸模加工出来，用凸模在凹模坯上压印，然后借助精铣和钳工研配的方法来加工凹模。

第二种方案采用电火花线切割设备加工。淬火前划线铣出漏料孔，淬火后电火花线切割成形部分；若凸模设计为直通式结构，也可使用同一线切割程序加工，这样可保证凸、凹模形状及配合间隙。

2. 工艺过程的制订

采用数控线切割加工方案来制订具体的工艺过程，主要工艺见表3-3。

表3-3　凹模零件的工艺过程

（单位名称）	机械加工工艺过程卡			产品型号		零（部）件图号				
				产品名称	落料模	零（部）件名称	落料凹模板	共1页	第1页	
材料牌号	CrWMn	毛坯种类	六方料	毛坯外形尺寸	125×85×23	每毛坯可制件数	1	每台件数	1	备注
工序号	工序名称	工序内容				车间	工段	设备	工艺装备	工时
										准终 / 单件
5	下料	锯床下六方料125X85X23				下料车间		锯床		
10	热处理	退火≤230 HBW				热处理车间				
15	立铣	铣六方 120.6×80.6×18.6				铣车间		铣床		
20	平磨	磨六面，对90°				磨车间		磨床		
25	钳	倒角，去毛刺，划线，做各孔				钳工车间				
30	工具铣	钻线切割穿丝孔、铣漏料孔				铣车间		铣床		

续　表

工序号	工序名称	工序内容						车间	工段	设备	工艺装备	工时	
												准终	单件
35	热处理	淬火,回火 60～64 HRC						热处理车间					
40	平磨	磨上、下面及基准面,对 90°						磨车间		磨床			
45	线切割	找正、切割型孔留研磨量 0.01～0.02 mm						线切割车间		线切割			
50	钳	研磨型孔											
										设计日期	审核日期	标准日期	会签日期
标记	处数	更改文件号	签字	日期	标记	处数	更改文件号	签字	日期				

　　上述针对典型落料凹模零件所做的加工工艺分析具有一定的代表性。在模具加工行业,类似这样的零件很多,但是不同零件的技术要求、结构、材料及使用性能可能存在差异。因此,我们在考虑零件的加工工艺时,应该具体问题具体分析,并结合工厂的实际情况选择一种合适的工艺方案,在保证零件加工质量及使用性能的前提下尽可能地降低生产成本,缩短制造周期,力争更好的经济效益。

任务小结

(1) 数控特种加工的概念;
(2) 数控特种加工的种类及工艺特点。

任务思考

1. 特种加工相对于传统切削加工技术有何特点?
2. 试述常见特种加工的种类。
3. 试分析如图 3-14 所示的凸模数控线切割加工工艺。

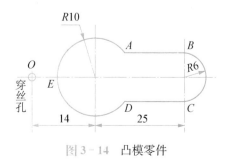

图 3-14　凸模零件

第四篇

[机 械 制 造 工 艺]

CAPP/CAM 工艺设计

任务导航　本篇主要介绍了 CAPP/CAM 工艺设计从业人员必须掌握的基本概念、基础理论及 CAPP/CAM 工艺设计的基本技能。主要内容有 CAPP 的基本原理、CAPP 的组成与基本结构、CAPP 系统的类型、CAXA 软件 CAPP 模块简介、NX/CAM 基本术语、车削 CAM 工艺设计初步、型腔铣削 CAM 工艺设计初步、多轴加工 CAM 工艺设计初步。

任务 6　CAPP 技术简介

6.1　CAPP 基础

1. CAPP 基本概念

计算机辅助工艺过程设计(computer aided process planning，CAPP)是应用计算机快速处理信息功能，应用具有各种决策功能的软件，自动生成工艺文件的过程。计算机的发展及其在机械制造业中广泛应用，为工艺过程设计提供了理想的工具。工艺过程设计主要是在分析和处理大量信息的基础上选择加工方法、机床、刀具、加工顺序等，计算加工余量、工序尺寸、公差、切削用量、工时定额、绘制工序图，以及编制工艺文件。计算机能高效地管理大量的数据，快速、准确计算，进行各种形式的比较和选择，能自动绘图和编制表格文件等。这些功能恰恰适应工艺过程设计的需要。CAPP 不仅能实现工艺设计自动化，还能把生产实际中行之有效的若干工艺设计原则及方法转换成工艺决策模型，并建立科学的决策逻辑，从而编制出最优的制造方案。

2. CAPP 的发展

在机械制造领域内，工艺设计自动化是发展最迟的部分。CAPP 这一课题研究是在 20 世纪 60 年代后期开始的。世界上最早进行工艺过程自动化研究的国家是挪威。他们从 1966 年开始研制，1969 正式推出了 AUTOPROS 系统。在 CAPP 发展史上具有里程碑意义的是 CAM - I(computer aided manufacturing-international)，是设在美国的计算机辅助制造国际组织于 1976 年推出的系统。取其字首的第一字母，称为 CAPP 系统。现在对 CAPP 这一缩写表示法虽然还有不同的释义，但已经公认 CAPP 为计算机辅助工艺过程设计。CAPP 研究直到20世纪80年代才比较受到工业界的重视,研究工作进展较快。美国机械工程师协会(ASME)在1985年和1986年连续召开讨论CAPP的学术会议,国际生产工程研究会(CIRP)也在1985年和l987年两次召开CAPP专题讨论会。目前,国内外召开许多生产自动化学术会议也包括了CAPP的内容。我国的CAPP研究工作是20世纪80年代才开始的,目前也取得了很好的成绩。

早期开发的CAPP系统主要是检索方式,即操作CAPP系统时,首先检索出适合一组相似零件的标准工艺,编辑修改生成具体零件的工艺并打印输出。与传统工艺设计相比,应用检索式CAPP系统能大大减少工艺师重复繁琐的修改誊写工作,并能提高工艺文件质量。

CAPP系统开发人员将成组技术和逻辑决策引入CAPP,开发出许多以成组技术为基础的派生式系统和混合式系统,以及以决策规则为工艺生成基础的半创成式系统。与传统的工艺设计相比,企业要应用这些CAPP系统,首先要由有经验的工艺工程师将工艺设计标准化,选出优化的工艺路线或生成工艺的决策规则,以及各种加工参数;然后依据这些原始数据和其他要求开发CAPP系统。所以,用CAPP系统生成的工艺规程是企业工艺专家们的智慧结晶,并不取决于使用CAPP系统的人员,而且不要求使用CAPP系统的人员要有很多工艺知识和经验,只要求他们能有所了解并会使用CAPP系统即可。近年来,以人工智能为基础的CAPP专家系统以及追求CAD/CAPP/CAM一体化的集成系统正在研究开发之中。

分析世界近30年和我国近20年来的CAPP发展历史,CAPP的走向及发展趋势可归纳为如下几点:

- 由派生式系统向创成式系统发展;
- 从传统的CAPP系统向智能化CAPP系统发展;
- 由回转类零件CAPP系统向复杂的非回转类零件CAPP系统发展;
- 从孤立的CAPP系统向CAPP/NC和CAD/CAPP/CAM集成一体化方向发展;
- 从开发研究系统和专用CAPP系统向通用CAPP系统开发工具、专家系统工具外壳的发展;
- 系统软件从面向传统企业的单机版向面向虚拟或动态联盟企业的网络版发展,使CAPP系统开发应用逐步普及并提高到新的水平。

6.2　CAPP的基本原理

在研究计算机辅助工艺过程设计前,让我们回顾一下人工编制工艺的过程:

① 分析了解要编制工艺的零件图纸的技术要求和结构特点以及生产纲领。

② 查阅工艺设计手册或根据工艺基本知识进行工艺决策,确定加工方法和工艺路线。

③ 查阅工厂工艺标准手册,具体确定机床设备、切削参数、工装以及工时定额。

④ 按工厂的工艺规范和格式誊写成正式的工艺规程。

计算机辅助工艺过程设计的过程是:

① 首先将零件的特征信息以代码或数据的形式存入计算机,并建立起零件信息的数据库。

② 把工艺人员编制工艺的经验、工艺知识和逻辑思想以工艺决策规则的形式输入计算机,建立起工艺决策规则库(工艺知识库)。

③ 把制造资源、工艺参数以适当的形式输入计算机,建立起制造资源和工艺参数库。

④ 通过程序设计,充分利用计算机的计算、逻辑分析判断、存贮以及编辑查询等功能,自动生成工艺规程。

以上就是 CAPP 的基本原理,主要解决的问题是:

- 工艺设计所需信息的描述和代码化(特征信息的标识和工艺知识的提取);
- 工艺设计所需信息的数据结构形式的合理制订;
- 程序设计(包括人机界面、推理程序、打印输出程序等)。

计算机辅助工艺设计是应用计算机来自动生成工艺,而 CAPP 系统是自动生成工艺规程的软件,它能在读取零件加工信息后自动生成和输出工艺规程,以及供 NC 程序编制用的零件加工过程及部分参数(NC 程序也可作为 CAPP 系统的输出)。

将经过标准化或优化的工艺,或编制工艺的逻辑思想(长期以来工艺师们积累的知识和经验),通过 CAPP 系统存入计算机。在计算机生成工艺时,CAPP 软件首先读取有关零件的信息,然后识别并检索零件族的复合工艺和有关工序,经过删减和编辑(派生式),生成所需的工艺规程,或按工艺决策逻辑推理(创成式)自动生成具体零件的工艺。假如计算机读取的零件信息中,部分信息超出了计算机识别处理的范围,即找不到零件对应的零件族,或不能用预先确定的逻辑生成工艺,则计算机将无能为力,系统报错。所以,计算机只能按 CAPP 软件规定的方式生成工艺过程,而不能创造新的工艺方法、新的加工参数。一旦新的工艺方法、新的加工参数出现,就必须修改 CAPP 系统中的某些部分,使其适应新的加工制造环境。

工艺设计受制造环境的影响较大,同一零件在不同的环境下,工艺有差别,有时差别很大。此外,不同用户对零件工艺的内容要求也很不相同。所以,目前的 CAPP 系统专用性很强。但是,一个企业中,随着设备、刀具及加工方法的更新改进,工艺也会随之变化。因此,如何使 CAPP 系统有较大的通用性和适应性,以延长 CAPP 系统更新周期,也是 CAPP 系统设计必须考虑的很重要的指标。在工艺过程设计中,主要工作不是计算,多数问题的求解过程,难以用数学模型表示。求解过程是逻辑、判断和决策过程,这正是专家系统的特长所在。如何将工艺专家们的经验上升为知识,并存在知识库中用于工艺决策,开发 CAPP 专家系统也是当前 CAPP 系统研究的一个重要内容。

6.3　CAPP 的组成与基本结构

CAPP 系统的组成与其开发环境、产品对象及其规模大小等有关。图 4－1 所示的系统构成是根据 CAD/CAPP/CAM 集成的要求而拟定的,其基本模块如下:

- 控制模块:协调各模块的运行,实现人机之间的信息交流,控制产品设计信息获取方式。
- 零件信息获取模块:用于产品设计信息输入。零件信息输入可以由人工交互输入,或从 CAD 系统直接获取或来自集成环境下统一的产品数据模型。
- 工艺路线设计模块:进行加工工艺流程的决策,生成工艺过程卡。
- 工序决策模块:选定加工设备、定位安装方式、加工要求,生成工序卡。
- 工步决策模块:选择刀具轨迹、加工参数,确定加工质量要求,生成工步卡及提供形成 NC 指令所需的刀位文件。

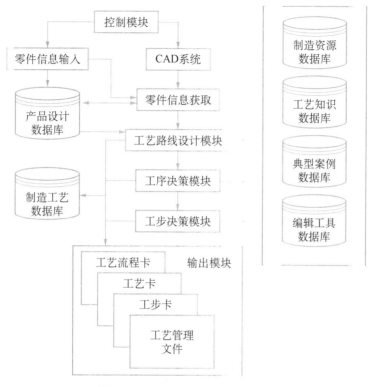

图 4-1 CAPP 的组成与基本结构

● 输出模块：输出工艺流程卡、工艺和工步卡工艺管理文件等各类文档，亦可从现有工艺文件库中调出各类工艺文件，利用编辑工具修改后得到所需的工艺文件。

● 产品设计数据库：存放有 CAD 系统完成的产品设计信息。

● 制造资源数据库：存放企业或车间的加工设备、工装工具等制造资源的相关信息。

● 工艺知识数据库：用于存放产品制造工艺规则、工艺标准、工艺数据手册、工艺信息处理的相关算法和工具等；

● 典型案例库：存放各零件族典型零件的工艺流程图、工序卡、工步卡、加工参数等数据，供系统参考使用。

● 编辑工具库：存放工艺流程图、工序卡、工步卡等系统输入输出模板、手工查询工具和系统操作工具集等。

● 制造工艺数据库：存放由 CAPP 系统生成的产品制造工艺信息，供输出工艺文件、数控加工编程和生产管理与运行控制系统使用。

上述 CAPP 系统结构是一个比较完整、广义的 CAPP 系统，实际上，并非所有的 CAPP 系统都必须包括上述全部内容。实际系统组成可以根据实际生产的需要而调整，但它们的共同点应使 CAPP 的结构满足层次化、模块化的要求，具有开放性，便于扩充和维护。

6.4 CAPP 系统的类型

一、派生式 CAPP 系统

派生式 CAPP 系统将零件按成组技术的分类编码系统编码，用数字代码表示零件信息。

根据成组技术中相似形原理,如果零件的结构形式相似,则它们的工艺规程也是有相似性的。派生式系统的工作就是利用零件的相似性,对于每一个相似的零件族,采用一个制造方法,即具有相似性的标准工艺,它可以集中专家、工艺人员的集体智慧和经验。为一个新零件设计工艺规程时,从计算机中检索出标准工艺文件,然后经过一定的编辑和修改就可以得到该零件的工艺规程。由此得到"派生"这个名称,其工作原理框图如图 4-2 所示。

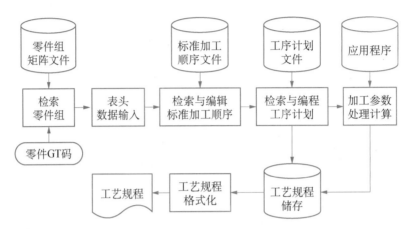

图 4-2 派生式 CAPP 系统工作原理框图

相似零件的集合称为零件族。将产品零件归类成组,可以把工艺相似的零件汇集成零件组(加工族),然后为每个零件组设计出可供全组零件使用的复合工艺。这种复合工艺应该是符合企业生产条件下的最优工艺方案,可以存储在计算机系统的数据库中。例如,将复合工艺分别存在标准加工顺序文件和工序计划文件中。当输入一个新零件的 GT 代码时,系统判断该零件属于哪个零件组,并从数据库中检索调用该组的复合工艺。根据输入零件的结构、工艺特征和加工要求,自动或交互式地修改和编辑检索出的复合工艺,便可得到该零件的加工工艺。复合工艺划分为两部分,所以检索和编辑也分两次。利用其他的输入信息,可以计算或选择有关的加工参数。

在派生式系统中引入较多的决策逻辑,该系统又称为半创成式或混合式系统。例如,零件组的复合工艺中只是一个工艺路线(加工方法和加工顺序),而各加工工序的内容(包括机床和夹具的选择,工步顺序和内容及切削参数的确定等),则都是用逻辑决策方式生成的,这样的系统就是半创成式或混合式系统。

二、创成式 CAPP 系统

创成式工艺过程设计系统的工作原理和派生式系统不同,它并不是利用相似零件组的复合工艺修改或编辑生成的,而是依靠系统中的决策逻辑生成的。要实现完全创成式的 CAPP 系统,必须解决 3 个关键问题:

① 零件的信息必须要用计算机能识别的形式完全准确地描述。

② 收集大量的工艺决策逻辑和工艺规程设计逻辑,并以计算机能识别的方式存储。

③ 工艺规程的设计逻辑和零件信息的描述必须收集在统一的工程数据库中。

图 4-3 所示的程序是按各功能模块的决策表或决策树来编制的,即决策逻辑是嵌套于程序中的。系统各模块工作时,所需的各种数据都以数据库文件形式存储。例如图 4-3 中有机

床、夹具、刀工具,以及切削数据文件。有的系统还有标准工时定额文件等(图4-3未列出)。系统在读取零件的制造特征信息后,自动识别和分类。同时,其他各模块按决策逻辑生成零件上各待加工表面的加工顺序和各处表面的加工链,并为各表面加工选择机床、夹具、刀工具和切削参数。最后,系统自动编辑并输出工艺规程。

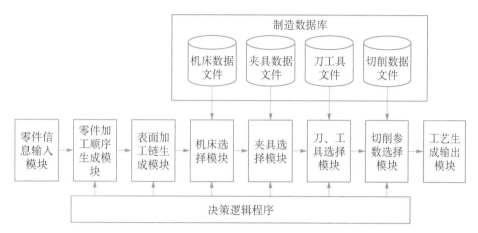

图4-3 创成式CAPP系统工作原理框图

由于工艺过程设计的求解是一个涉及面很广的复杂问题,系统设计比较困难。要使一个创成式CAPP系统包含所有的工艺决策,且能完全自动地生成理想的工艺过程是有一定的难度的。创成式CAPP系统发展还不很成熟,目前还没有开发出完全或真正意义上的创成式系统。用已开发的所谓的创成式CAPP系统生成的工艺,有时还需要修改。

传统的创成式系统的决策逻辑嵌套于应用程序,系统结构复杂,不易修改。目前的研究工作主要已转向知识基CAPP系统(专家系统)。在知识基系统中,工艺专家编制工艺的经验和知识存在知识库中,它可以方便地通过专用模块增删和修改,这就使系统的适应性和通用性大大提高。知识库中工艺生成逻辑可以查询和修改。以自然形式存放的工艺知识通过知识编译模块,成为一种直接供推理机使用的数据结构,以加快运行。推理机按输入模块从文件库中读取的零件制造特征信息,经过逻辑推理(与创成式CAPP系统推理相似),生成工艺文件,由输出模块输出并存入文件库。

实践表明,CAPP的智能化应是以交互式为基础,以知识库为核心,并采用检索、修订、创成等多工艺决策混合技术和人工智能技术的综合智能化,从而形成基于知识库的综合智能型CAPP系统框架,这样,才能真正理顺先进性与实用性、普及与提高等各方面的关系,满足企业对CAPP广泛应用与集成的需求。图4-4所示为基于知识库的智能化CAPP系统结构。

CAPP系统的构成,与其开发环境、产品对象、规模大小有关。一般CAPP系统由输入模块、数据文件(或数据库)、工艺生成模块、工序图绘制模块、输出模块和工艺规程排印等组成。其中,数据库和工艺生成各功能模块是CAPP系统的核心部分。图4-5所示的系统构成是根据CAD/CAPP/CAM集成要求而拟订的。其中包括:控制模块、零件信息获取模块、工艺路线设计模块、工序决策模块、工步决策模块、NC加工指令生成模块、输出模块和加工过程动态仿真8部分组成。

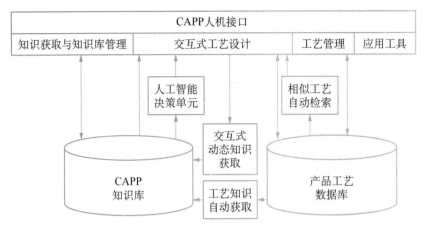

图 4-4 基于知识库的智能化 CAPP 系统结构

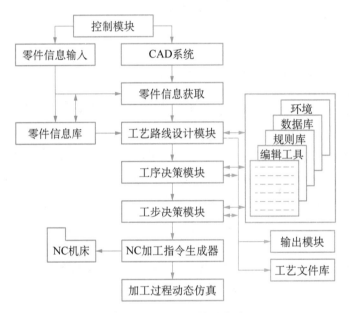

图 4-5 CAPP 系统的构成

6.5 CAXA 系统 CAPP 模块简介

北京数码大方科技股份有限公司(CAXA)是中国领先的工业软件和服务公司,是中国最大的 CAD 和 PLM 软件供应商,是中国工业云的倡导者和领跑者。主要提供数字化设计(CAD)、数字化制造(MES)、产品全生命周期管理(PLM)和工业云服务,是"中国工业云服务平台"的发起者和主要运营商。CAXA 的产品拥有自主知识产权,产品线完整。数字化设计解决方案包括二维、三维 CAD,工艺 CAPP 和产品数据管理 PDM 等软件;数字化制造解决方案包括 CAM、网络 DNC、MES 和 MPM 等软件;支持企业贯通并优化营销、设计、制造和服务的业务流程,实现产品全生命周期的协同管理;工业云服务主要提供云设计、云制造、云协同、云资源、云社区 5 大服务,涵盖了企业设计、制造、营销等产品创新流程所需要的各种工具和服务。

CAXA 图文档是企业工程图文档管理专业软件,面向中小型制造企业和设计单位,重点解决在 CAD 等工具广泛应用之后,电子图档管理存在的安全与共享问题。通过集成 CAD、CAPP 等软件,CAXA 图文档成为企业数据管理的平台,可以将各种二维 CAD、三维 CAD、工艺 CAPP 以及各种办公软件产生的电子文件归档。

一、CAXA 系统 CAPP 工艺图表常用术语

1. 工艺规程

工艺规程是组织和指导生产的重要工艺文件,一般来说,工艺规程应该包含过程卡与工序卡,以及其他卡片(如首页、附页、统计卡、质量跟踪卡等)。

在 CAXA 工艺图表中,可根据需要定制工艺规程模板,通过工艺规程模板把所需的各种工艺卡片模板组织在一起。必须指定其中的一张卡片为过程卡,各卡片之间可指定公共信息。

利用定制好的工艺规程模板新建工艺规程,系统自动进入过程卡的填写界面,过程卡是整个工艺规程的核心。应首先填写过程卡片的工序信息,然后通过其记录创建工序卡片,并为过程卡添加首页和附页,创建统计卡片、质量跟踪卡等,从而构成一个完整的工艺规程。

工艺规程的所有卡片填写完成后存储为工艺文件(*.cxp)。如图 4-6 所示是一个典型工艺规程的结构图。

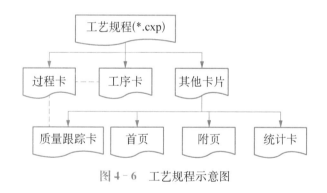

图 4-6　工艺规程示意图

2. 工艺过程卡片

按一道工序一道工序来简要描述工件的加工过程或工艺路线的工艺文件称为工艺过程卡片,每一道工序可能会对应一张工序卡,详细说明该道工序进行情况等。工艺不复杂的,可以只编写工艺过程卡片。

在 CAXA 工艺图表中,过程卡是工艺规程的核心卡片,有些操作是只对工艺过程卡有效的,例如,利用行记录生成工序卡片、利用统计卡片统计工艺信息等。建立一个工艺规程时,首先填写过程卡片,然后从过程卡生成各工序的工序卡,并添加首页、附页等其他卡片,从而构成完整的工艺规程。

3. 工序卡片

工序卡是详细描述一道工序的加工信息的工艺卡片,它和过程卡片上的一道工序记录相对应。工序卡片一般具有工艺附图,并详细说明该工序的每个工步的加工内容、工艺参数、操

作要求,以及所用设备和工艺装备等。

新建工艺规程,工序卡片只能由过程卡片生成,并保持与过程卡片的关联。

4. 公共信息

在一个工艺规程之中,各卡片有一些相同的填写内容,如产品型号、产品名称、零件代号、零件名称等,在 CAXA 工艺图表中,可以将这些填写内容定制为公共信息,当填写或修改某一张卡片的公共信息内容时,其余的卡片自动更新。

5. 文件类型说明

(1) exb 文件 CAXA 电子图板文件。在工艺图表的图形界面中绘制的图形或表格,保存为 ＊.exb 文件。

(2) cxp 文件 工艺文件,填写完毕的工艺规程文件或者工艺卡片文件保存为 ＊.cxp 文件。

(3) txp 文件 工艺卡片模板文件,存储在安装目录下的 Template 文件夹下。

(4) rgl 文件 工艺规程模板文件,存储在安装目录下的 Template 文件夹下。

二、常用键盘与鼠标操作

- F1:请求系统帮助,两种状态都有效。
- F2:当系统处于填写状态时,F2 的作用是开关卡片树与知识库。
- F3:显示全部,两种状态都有效。
- F6:点捕捉方式切换开关,切换捕捉方式。
- PageUp:显示放大,两种状态都有效。
- PageDown:显示缩小,两种状态都有效。
- Ctrl:当系统处于定制状态,定义单元格属性时,按住[Ctrl]键,可实现连续选择。
- Alt+D:当系统处于定制状态,作用是定义单元格属性。
- Alt+R:当系统处于定制状态,作用是删除单元格属性。
- Alt+T:当系统处于填写状态时,作用是工艺卡片树窗口开关。
- Ctrl+Tab:在填写卡片状态和定制模板状态之间切换。
- Ctrl+鼠标左键:当系统处于填写卡片状态时,选中该行记录。
- Tab:在表区域填写时,类似 Word 方式切换单元格。
- 方向键:当系统处于填写状态,填写单元格时,按[Ctrl]+方向键,移动填写单元格。非填写状态时动态平移。
- Shift+方向键:当系统处于填写状态时,按[Shift]+方向键,在卡片树中的卡片间切换,并打开该卡片;当系统处于定制状态时,[Shift]+方向键实现动态平移。
- 鼠标滚轮:可以实现放大、缩小、平移显示。
- 鼠标右键:在不同的应用环境下,使用右键菜单可方便地使用某些命令。

说明:

① 当系统处于图形环境时,电子图板所有的常用键在 CAXA 工艺图表中都有效。

② 当系统处于工艺环境,填写工艺文件时,只有[F1]、[Tab]、[Ctrl]+[Tab]、方向键和[Shift]+方向键 5 个快捷键有效。

案例六 定位插销零件 CAXA 系统 CAPP 工艺文件编制

加工如图 4-7 所示的定位插销零件,采用 CAXA 工艺图表编制机械加工工艺过程卡片。

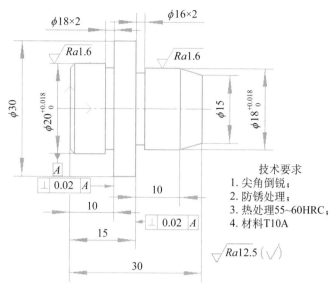

图4-7 定位销轴

任务分析

机械加工工艺过程卡片是十分重要的机械加工工艺文件之一。编制机械加工工艺过程卡片,首先要分析零件的加工技术,确定工艺路线、工装及设备、工序工时等参数;然后绘制或制作机械加工工艺过程卡片;最后把工艺路线及加工参数填入机械加工工艺过程卡片。本例不再赘述,只讲述采用CAXA工艺图表软件进行机械加工工艺过程卡片的编制方法。

任务实施

利用CAXA工艺图表软件制作机械加工工艺过程卡过程如下:

(1)单击"文件"下拉菜单中的"新建",或直接单击新建功能图标 ,弹出新建对话框。单击标签"工艺规程",框中选择"机械加工工艺规程",如附图4-8所示,单击"确定"按钮。

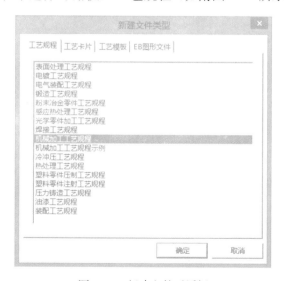

图4-8 新建文件对话框

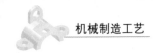

(2) 系统会生成"机械加工工艺规程卡片",并将此卡片设置为第一张卡片,并进入填写状态,如图 4 - 9 所示。

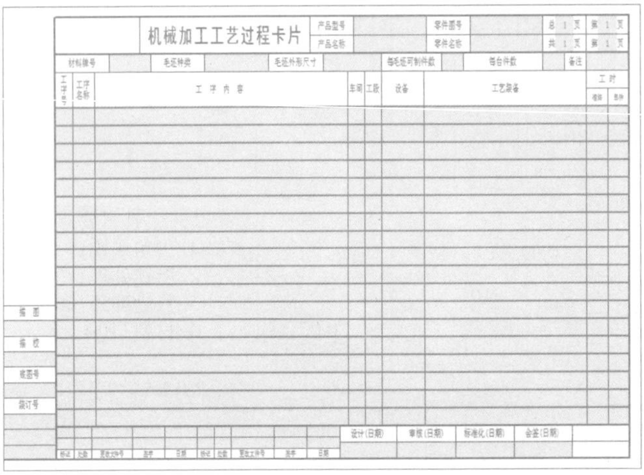

图 4 - 9　卡片填写操作界面

(3) 鼠标单击目标单元格,即可填写此单元格。工序名称、工序内容、设备和工艺装备等单元格与知识库相连,点击右边"知识库"中的相关内容,系统将自动填充单元格,而其他单元格需要用户手工键入内容,填写的工艺过程卡片如图 4 - 10 所示。

提示:在单元格内右击,利用右键菜单中的"插入"命令,可以直接插入用符号、图符、公差、上下标、分式、粗糙度、形位公差、焊接符号和引用特殊字符集。

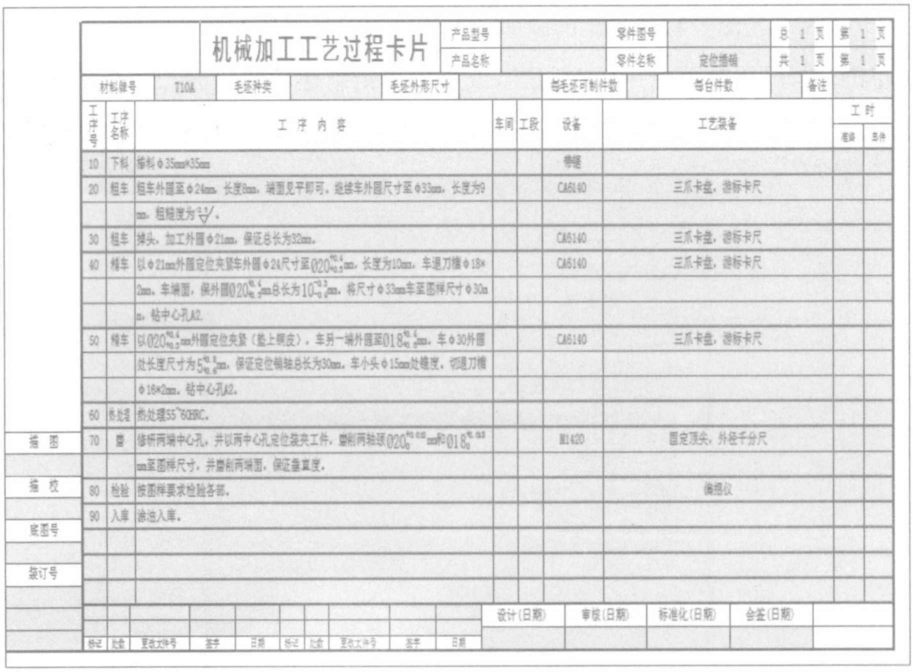

机械加工工艺过程卡片

产品型号		零件图号		总 1 页	第 1 页
产品名称		零件名称	定位插销	共 1 页	第 1 页

材料牌号	T10A	毛坯种类		毛坯外形尺寸		每毛坯可制件数		每台件数		备注	

工序号	工序名称	工序内容	车间	工段	设备	工艺装备	工时 准终	工时 单件
10	下料	棒料 Φ35mm*35mm			带锯			
20	粗车	粗车外圆至 Φ24mm,长度8mm,端面见平即可。继续车外圆尺寸至 Φ33mm,长度为9mm,粗糙度为 Ra 2.5。			CA6140	三爪卡盘,游标卡尺		
30	粗车	掉头,加工外圆 Φ21mm,保证总长为32mm。			CA6140	三爪卡盘,游标卡尺		
40	精车	以 Φ21mm外圆定位夹紧车外圆 Φ24尺寸至 $Ø20^{+0.4}_{+0.3}$mm,长度为10mm,车退刀槽 Φ18*2mm。车端面,保外圆 $Ø20^{+0.4}_{+0.3}$mm总长为 $10^{-0.3}_{-0.6}$mm。将尺寸 Φ33mm车至图样尺寸 Φ30mm,钻中心孔A2.			CA6140	三爪卡盘,游标卡尺		
50	精车	以 $Ø20^{+0.4}_{+0.3}$mm外圆定位夹紧(垫上铜皮),车另一端外圆至 $Ø18^{+0.4}_{+0.3}$mm。车 Φ30外圆处长度尺寸为 $5^{+0.8}_{+0.6}$mm,保证定位销轴总长为30mm。车小头 Φ15mm处锥度,切退刀槽 Φ16*2mm。钻中心孔A2。			CA6140	三爪卡盘,游标卡尺		
60	热处理	热处理55~60HRC。						
70	磨	修研两端中心孔,并以两中心孔定位装夹工件,磨削两轴颈 $Ø20^{+0.015}_{0}$mm和 $Ø18^{+0.015}_{0}$mm至图样尺寸,并磨削两端面,保证垂直度。			M1420	固定顶尖,外径千分尺		
80	检验	按图样要求检验各部。				偏摆仪		
90	入库	涂油入库。						

描图　描校　底图号　装订号

设计(日期)　审核(日期)　标准化(日期)　会签(日期)

标记　处数　更改文件号　签字　日期　标记　处数　更改文件号　签字　日期

图 4 - 10　填写的机械加工工艺过程卡片

（4）用户在表中的单元格上按下[Ctrl]＋鼠标左键时，会建立一条行记录，如在过程卡中的一道工序记录，系统会加亮当前行记录，如图4-11所示。

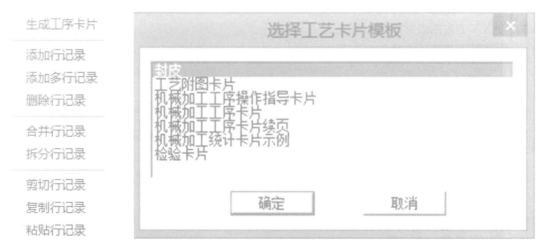

图4-11 机械加工工艺过程卡片选中行操作

选择表中的单元格才能创建行记录，用户选择了行记录后按下鼠标右键，系统弹出快捷菜单，如图4-12所示。

① 生成工序卡片：用户选择该命令后，系统弹出对话框，如图4-13所示。

图4-12 右键快捷菜单　　　　图4-13 选择工艺卡片模板对话框

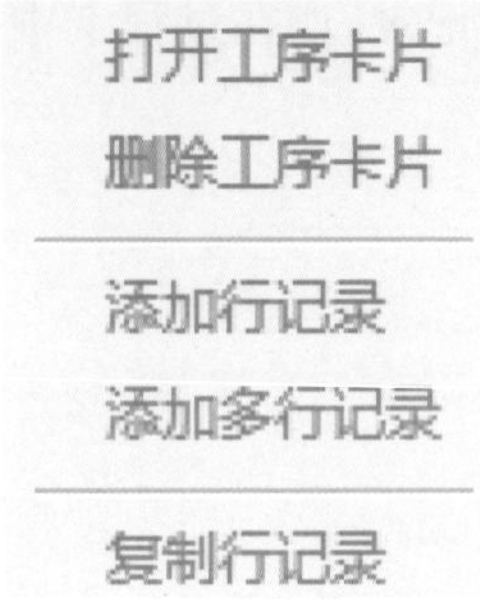

机械制造工艺

用户选择卡片模板后，系统会创建一张新的卡片，并打开新卡片，将当前记录的内容填写到新卡片相应的单元格中，该卡片和记录保持一种对应关系，再次选择该记录，快捷菜单如图 4-14 所示，在行记录生成相应的卡片后，不能直接删除行记录。

② 删除工序卡片：删除当前行记录对应的卡片。

③ 添加行记录：在当前行记录前添加一条空的行记录。

④ 删除行记录：删除当前行记录，后续记录顺序前移。

⑤ 剪切行记录：可将被选中的行记录内容删除并保存到软件剪贴板中，并可使用"粘贴行记录"命令粘贴到另外的位置。

⑥ 复制行记录：可将被选中的行记录内容保存到软件剪贴板中，并使用"粘贴行记录"命令粘贴到另外的位置，一次可同时复制多个行记录。

图 4-14 生成工序卡片后的右键菜单

⑦ 粘贴行记录：将用户拷贝的行记录内容粘贴到当前行记录上。

（5）用户在填写工艺过程卡片时，可直接填写工序名称及涉及的刀具、夹具、量具，不用填写工序号，在整个过程卡填写过程中，或填写完毕后，都可利用菜单"工艺"下拉菜单中的"自动生成工序号"自动创建工序号，工序号对话框允许用户设置工序号的生成方式，如图 4-15 所示为自动生成工序号对话框。用户使用该命令后，系统会自动填写工艺过程卡中的工序号和所有相关工序卡片中的工序号以及卡片树中工序卡片的命名。

图 4-15 自动生成工序号对话框

任务小结

（1）CAPP 的概念。

（2）CAPP 的组成。

（3）CAXA 工艺图表常用术语释义。

（4）CAXA 工艺文件实例编制流程。

任务思考

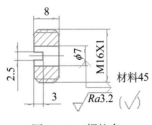

图 4-16 螺纹套

（1）简要分析 CAPP 系统的基本组成和功能。

（2）简要说明 CAPP 的作用与意义。

（3）查阅相关书籍，了解 CAPP 的发展过程及最新的发展趋势。

（4）运用 CAXA 工艺图表软件编制如图 4-16 所示的螺纹套零件的工艺。

任务7　CAM技术简介

7.1　NX/CAM简介

计算机辅助制造简称CAM(Computer Aided Manufacturing)，指以计算机为主要技术手段，处理与制造有关的信息，从而控制制造的全过程，从广义上讲，包括计算机辅助生产计划、计算机辅助工艺过程设计、计算机数控编程、计算机控制加工过程设计等内容。

Siemens NX是Siemens PLM Software公司(前身为Unigraphics NX)的一个产品工程解决方案，它为用户的产品设计及加工过程提供了数字化造型和验证手段。Siemens NX针对用户的虚拟产品设计和工艺设计的需求，提供了经过实践验证的解决方案。

NX是一个交互式CAD/CAM(计算机辅助设计与计算机辅助制造)系统，功能强大，可以轻松实现各种复杂实体及造型的建构。它在诞生之初主要基于工作站，但随着PC硬件的发展和个人用户的迅速增长，在PC上的应用取得了迅猛的增长，目前已经成为模具行业三维设计的一个主流应用。

NX加工基础模块提供连接NX所有加工模块的基础框架，为所有加工模块提供相同的、界面友好的图形化窗口环境。用户可以在图形方式下观测刀具沿轨迹运动的情况并可对其进行图形化修改。如刀具轨迹延伸、缩短或修改等。该模块同时提供通用的点位加工编程功能，可用于钻孔、攻丝和镗孔等加工编程。该模块交互界面可按用户需求进行灵活的用户化修改和剪裁，并可定义标准化刀具库、加工工艺参数样板库，使初加工、半精加工、精加工等操作常用参数标准化，以减少使用培训时间并优化加工工艺。NX软件所有模块都可在实体模型上直接生成加工程序，并保持与实体模型全相关。NX的加工后置处理模块使用户可方便地建立自己的加工后置处理程序，该模块适用于目前世界上几乎所有主流NC机床和加工中心，该模块在多年的应用实践中已被证明适用于二～五轴或更多轴的铣削加工、二～四轴的车削加工和电火花线切割。

一、NX/CAM术语

1. 轮廓

轮廓是一系列首尾相接曲线的集合。在数控编程、交互指定待加工图形时，常常需要用户指定图形的轮廓，用来界定被加工的区域或被加工的图形本身。如果轮廓是用来界定被加工区域的，则要求指定的轮廓是闭合的；如果加工的是轮廓本身，则轮廓也可以不闭合，如图4-17所示。

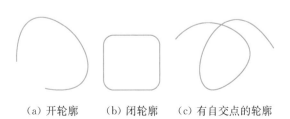

(a) 开轮廓　　　(b) 闭轮廓　　　(c) 有自交点的轮廓

图4-17　轮廓示意图

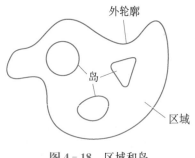

外轮廓

岛

区域

图 4-18　区域和岛

2. 区域和岛

区域指由一个闭合轮廓围成的内部空间,其内部可以有"岛",岛也是由闭合轮廓界定的。区域即外轮廓和岛之间的部分,由外轮廓和岛共同指定的待加工区域。

外轮廓用来界定加工区域的外部边界,岛用来屏蔽其内部不需加工或需保护的部分,如图 4-18 所示。

3. 机床参数

主轴转速是切削时,机床主轴转动的角速度;进给速度是正常切削时刀具行进的线速度;接近速度为从安全高度切入工件前刀具行进的线速度,又称进刀速度;退刀速度为刀具离开工件回到安全高度时刀具行进的线速度,加工轨迹各段的机床速度,如图 4-19~图 4-21 所示。在安全高度以上,刀具行进的线速度取机床的 G00 指令。

这些速度的给定一般依赖于用户的经验,原则上讲,它们与机床本身、工件的材料、刀具材料、工件的加工精度和表面粗糙度要求等相关。

4. 刀具参数

对数控铣加工,需提供多种铣刀:如球刀($R=r$)、端刀($r=0$)和 R 刀($r<R$),其中,R 为刀具的半径,r 为刀角半径。刀具参数中还有刀杆长度 L 和刀刃长度,如图 4-22 所示。

图 4-19　机床进给和速度设定(1)　　图 4-20　机床进给和速度设定(2)

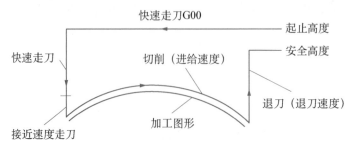

图 4-21　加工轨迹各段的机床速度

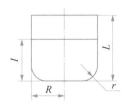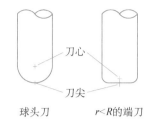

球头刀　　　　r<R的端刀　　　　刀尖、刀心重合
　　　　　　　　　　　　　　　　　　　　r=0的端刀

图 4-22　铣刀的刀心与刀尖

此外,由于加工过程中刀具磨损问题,刀具参数中还必须考虑刀具补偿的大小。

在三轴加工中,端刀和球刀的加工效果有明显区别,当曲面形状复杂、有起伏时,建议使用球刀,适当调整加工参数可以达到好的加工效果。在二轴中,为提高效率建议使用端刀,因为相同的参数,球刀会留下较大的残留高度。选择刀刃长度和刀杆长度时,考虑机床的情况及零件的尺寸是否会干涉。

刀具还应区分刀尖和刀心,两者均是刀具的对称轴上的点,其间差一个刀角半径。

5. 刀具轨迹和刀位点

刀具轨迹是系统按给定工艺要求生成的、对切削给定加工图形时刀具行进的路线,系统以图形方式显示。刀具轨迹由一系列有序的刀位点和连接这些刀位点的直线(直线插补)或圆弧(圆弧插补)组成,如图 4-23 所示。

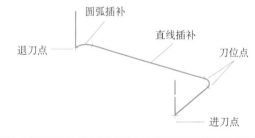

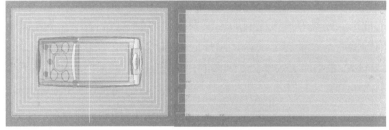

图 4-23　刀具轨迹

6. 安全高度和起止高度

安全高度是指在此高度以上可以快速走刀不发生干涉的高度,应高于零件的最大高度。起止高度是进退刀时刀具的初始高度,起止高度应大于安全高度,如图 4-24 所示。

7. 慢速下刀高度

每一次下刀,刀具都是快速运动(G00),当距下刀点某一距离值时,刀具以接近速度下降,这个距离值称为慢速下刀高度,如图 4-25 所示。

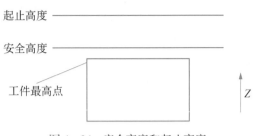

图 4-24　安全高度和起止高度

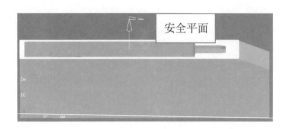

图 4-25　慢速下刀高度

8. 加工余量

车、铣加工是一个去余量的过程,即从毛坯开始逐步除去多余的材料以得到需要的零件。这种过程往往由粗加工和精加工构成,必要时还需要半精加工,即需经过多道工序的加工。在前一道工序中往往需给下一道工序留下一定的余量。

实际的加工模型是指定的加工模型按给定的加工余量等距处理的结果,如图 4-26 所示。

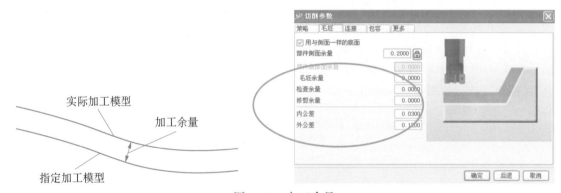

图 4-26　加工余量

9. 加工误差与步长

刀具轨迹和实际加工模型的偏差即是加工误差。用户可通过控制加工误差来控制加工的精度。用户给出的加工误差是刀具轨迹同加工模型之间的最大允许偏差,系统保证刀具轨迹与实际加工模型之间的偏离不大于加工误差。用户应根据实际工艺要求给定加工误差,如在粗加工时,加工误差可以较大,否则加工效率会受到影响;而精加工时,需根据表面要求等给定加工误差。

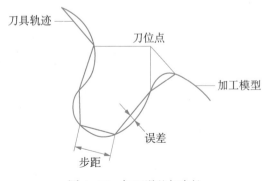

图 4-27　加工误差与步长

在两轴加工中,加工误差主要指对样条线进行加工时用折线段逼近样条时的误差如图 4-27 所示。

在三轴加工中,还可以用给定步长的方式控制加工的误差,步长用来控制刀具步进方向上每两个刀位点之间的距离,系统按用户给定的步长计算刀具轨迹,同时系统对生成的刀具轨迹进行优化处理,删除处于同一直线上的刀位点,在保证加工精度的前提下提高加工的效率。因此,用户给定的是加工的最小步距,实际生成的刀具轨迹中的步长可能大于用户给定的步长。

10. 行距和残留高度及刀次

行距指加工轨迹相邻两行刀具轨迹之间的距离。在三轴加工中,由于行距造成两刀之间一些材料末切削,这些材料距切削面的高度即是残留高度。

在加工时,可通过控制残留高度来控制加工的精度。有时可通过指定刀具轨迹的行数及刀次来控制残留高度,如图4-28所示。

切削步进(Stepover):用于指定切削路径(Cut Passes)之间的距离,如图4-29所示。

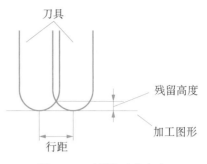

图4-28　行距、残留高度

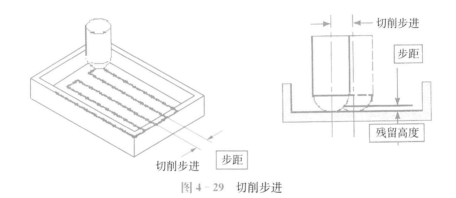

图4-29　切削步进

11. 顺铣和逆铣

在铣加工中需注意顺铣和逆铣的不同,顺铣和逆铣的切削效果是不同的。在数控铣削加工中,一般总是采用逆铣的方式,可以得到较好的加工效果。顺铣和逆铣如图4-30所示。

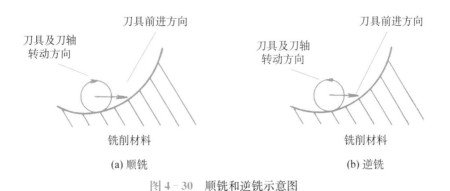

图4-30　顺铣和逆铣示意图

12. 干涉

在切削被加工表面时,如果刀具切到了不应该切的部分,则称为干涉或者叫做过切。自身干涉指被加工表面中存在刀具切削不到的部分时存在的过切现象,如图4-31所示。

面间干涉指在加工一个或一系列表面时,可能会对其他表面产生过切的现象,如图4-32所示。

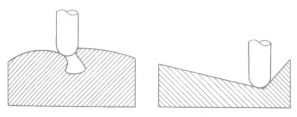

图 4 - 31　自身干涉的两种情况

图 4 - 32　面间干涉示意图

13. 限制线

限制线是刀具轨迹不允许超过的线。在限制线加工中,刀具轨迹被限定在两系列限制线之中,如图 4 - 33 所示。

14. 限制面

限制面专门用来限制刀位轨迹,在参数线加工中用到,如图 4 - 34 所示。

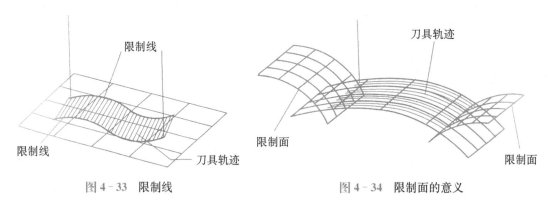

图 4 - 33　限制线　　　　　　　　　图 4 - 34　限制面的意义

二、NX/CAM 的基本加工模块

1. 车削加工

(1) 功能　车削加工包括中心线车加工、粗车加工、多次走刀精车加工、车槽加工、切断、镗孔加工和车螺纹等。

(2) 特点　加工回转体零件,NX 车削操作既可以使用二维零件轮廓,也可由使用完整的实体模型。

2. 钻孔加工

钻孔加工如图 4 - 35 所示。

(1) 功能　POINT-TO-POINT 可为钻、扩、镗、铰、攻丝等点位操作生成刀具轨迹,也可用于点焊、铆接等。

（2）特点　用点作为驱动几何体，可根据需要选择不同的固定循环。

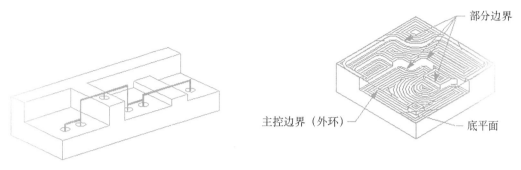

图 4 - 35　钻孔加工示意　　　　　图 4 - 36　平面铣加工示意

3．平面铣加工

平面铣加工如图 4 - 36 所示。

（1）功能　用于平面轮廓或平面区域的粗精加工，可做平行于底面的多层铣削。

（2）特点　刀具轴固定，底面是平面，周壁垂直底面。

4．型腔铣加工

型腔铣加工如图 4 - 37 所示。

（1）功能　用于型腔轮廓或区域的粗加工。它以平面层的切削方法，根据型腔的形状分成多个深度方向的切削区域，每个切削区域还可指定不同的切刀深度。

（2）特点　刀具轴固定，底面可以是曲面，平面切削，毛坯必须是封闭几何体。

 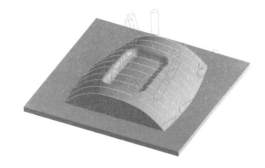

图 4 - 37　型腔铣加工示意　　　　　图 4 - 38　多轴加工示意

5．多轴加工

多轴加工如图 4 - 38 所示。

（1）功能　用于精加工由轮廓曲面形成的区域的加工方式，允许精确控制刀轴和投影矢量以使刀具沿着非常复杂的曲面轮廓运动。

（2）特点　此种加工方法主要通过驱动点投影到工件几何体上来创建刀轨。

三、NX/CAM 加工环境

1．加工环境初始化

工件第一次进入 CAM 环境时，就会弹出"加工环境初始化"对话框，如图 4 - 39 所示。选

择不同的加工环境与类型,将利用不同的计算加工路径的方法。

图 4 - 39　加工环境初始化对话框

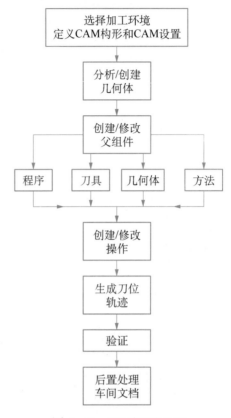

图 4 - 40　NX 编程流程图

2. NX/CAM 的操作过程

如图 4 - 40 所示为 NX/CAM 编程流程图。

① 在菜单栏中选"Application"→"Manufacturing"或[Ctrl]+[Alt]+[M]。

② 选择加工环境。指定一个 CAM 会话配置,然后选择一项要创建的 CAM 设置。

③ 在"Create Operation"菜单栏中创建"Programs"(程序)、"Tools"(刀具)、"Method"(方法)和"Geometry"(几何体)等父节点。

④ 在"Create Operation"菜单栏中选择加工类型(Type),选择相应的父几何体,键入操作名称(Name),然后选"Create",进入操作菜单。

⑤ 设置其他加工参数,生成刀位轨迹。

⑥ 输出 CLSF 文件(for GPM)。

⑦ 后置处理(GPM、UGPOST)。

⑧ 车间辅助文件。

7.2　车削 CAM 工艺设计初步

1. 加工创建

(1)车削加工刀具　车削加工刀具大致可以分为标准车刀、割槽刀具、成形刀具、螺纹加工刀具和中心钻削刀具等。车削加工刀具子类型如图4-41所示。不同的车削加工类型对应着不同的车削刀具,从刀具的编号中可以看出其车削加工类型。例如,编号"OD_80_L"的刀具  ,"OD"表示外圆加工,"80"表示刀具刀片的角度,"L"表示左侧。其余符号"ID"表示内部镗削加工,"GROOVE"表示车槽加工,"THREAD"表示螺纹加工,"R"表示右侧。

图4-41 车削刀具子类型

(2)车削加工几何体 车削加工几何体由直角坐标系、零件、毛坯以及避让几何体组成。在实际操作中往往首先定义加工几何体,目的是确定车削的主轴;然后通过主轴定义车削横截面,得到旋转体的界面边界结构,最后再根据得到的边界定义零件和毛坯。在车削加工模块中,系统提供了6种车削几何,即加工坐标系、工件、车削工件、车削零件、切削区域约束和避让几何体。

(3)车削加工操作子类型 车削加工主要用于轴类和盘类回转体工件的加工,能完成内外圆柱面、锥面、圆弧、螺纹等工序的切削加工,能进行切槽、钻孔、扩孔、绞孔等操作。NX系统提供各种车削加工,包括粗车、精车、镗孔、中心孔加工和螺纹加工等,加工应用模块提供了21种车削操作子类型。

(4)车加工方法 车加工方法是定义加工(孔加工、螺纹加工、径向切削等)的余量与公差等,对加工的精度起重要的作用。软件默认的车加工方法一共有8种,具体含义如下:

- LATHE_AUXILIARY:车削辅助线,适合于孔加工固定循环。
- LATHE_CENTERLINE:车削中心线,适合于孔加工固定循环。
- LATHE_FINISH:车削精加工。
- LATHE_GROOVE:车削沟槽加工。
- LATHE_ROUGH:车削粗加工。
- LATHE_THREAD:螺纹加工方法。
- METHOD:缺省。
- NONE:无。

2. 粗车切削策略

粗加工功能包含了用于去除大量材料的许多切削技术。这些加工方法包括用于高速粗加工的策略,以及通过正确的内置进刀/退刀运动达到半精加工或精加工质量。车削粗加工依赖于系统的剩余材料自动去除功能。

(1)线性单向切削 当要对切削区间应用直层切削进行粗加工时,选择"线性单向"。

各层切削方向相同,均平行于前一个层切削。

(2)线性往复切削 　选择"往复线性"以变换各粗加工切削的方向。这是一种有效的切削策略,可以迅速去除大量材料,并对材料进行不间断切削。

(3)倾斜单向切削 　单向倾斜可使一个切削方向上的每个切削或每个替代切削的、从刀路起点到刀路终点的切削深度有所不同。这会沿刀片边界连续移动刀片切削边界上的临界应力点(热点)位置,从而分散应力和热,延长刀片的寿命。

(4)倾斜往复切削 　往复倾斜则与上述情况不同,每个粗加工切削均交替切削方向,因而减少了加工时间。

(5)单向轮廓切削 　单向轮廓粗加工时刀具将逐渐逼近工件的轮廓。刀具每次均沿着一组等距曲线中的一条曲线运动,而最后一次的刀轨曲线将与工件的轮廓重合。对于工件轮廓开始处或终止处的陡峭元素,系统不会使用直层切削的轮廓铣选项来处理或切削。

(6)轮廓往复切削 　往复轮廓粗加工的切削方式与上一方式类似,但此方式增加了刀具的反向切削。

(6)单向插削 　是一种典型的与开槽刀配合使用的粗加工策略。

(7)往复插削 　并不直接冲削割槽底部,而是使刀具冲削到指定的切削深度(层深度),然后进行一系列的冲削,以去除处于此深度的所有材料。之后再次冲削到切削深度,并去除处于该层的所有材料。往复执行以上一系列切削,直至达到割槽底部。

如果在"刀具定义"对话框中设置了切削深度(最大切削深度),则在该值小于操作中给定的值时,系统将冲削到这一深度。

(8)交替插削 　将各后续冲削应用到与上一个冲削相对的一侧。

(9)交替插削(余留塔台) 　偏置连续冲削(即第一个刀轨从割槽一肩运动至另一肩之后,"塔"保留在两肩之间)在刀片两侧实现对称刀具磨平。当在反方向执行第二个刀轨时,将切除这些塔。

3. 精车加工策略

轮廓加工将沿着整个部件边界或边界的一部分(例如单反向)。首先进行整个切削区域或当前加工的各反向切削的所有粗切削操作,然后才是轮廓加工操作。由于轮廓加工中提供的策略与精加工中的策略相同,因此只有在粗加工中才提供轮廓加工功能。可为轮廓加工和精加工选择 8 种不同的策略,以确定刀具的运动。

(1)　仅直径 　一种用于轮廓加工刀路或精加工的切削策略。可以在轮廓类型对话框中指定直径的构成。在这种策略中,系统仅切削被指定为直径的几何体。

(2)　仅面 　用于轮廓刀路或精加工的切削策略。在这种策略中,系统仅切削被指定为面的几何体。

(3)　首先周面,然后面 　用于轮廓加工刀路或精加工的切削策略。先切削直径几何体,再切削面几何体。

(4)　首先面,然后周面 　用于轮廓加工刀路或精加工的切削策略。先切削面几何体,再切削直径几何体。

(5)　指向角 　沿面或直径边界指向交角的方向加工。

(6)　离开角 　沿面或直径边界离开交角的方向加工。

（7）▣ 仅向下　用于轮廓刀路或精加工,仅向下加工。

（8）▣ 全部轮廓加工　系统对每种几何体按其刀轨进行轮廓加工,但不考虑轮廓类型。

4. 步距

利用步距可以指定加工操作中各刀路的切削深度。该值可以是用户指定的固定值,或者是系统根据指定的最小值和最大值而计算出的可变值。系统在计算的或指定的深度生成所有非轮廓加工刀路。在此深度或小于此深度位置生成轮廓加工刀路。

（1）恒定　利用"恒定"可以指定各粗加工刀路的最大切削深度。系统尽可能多次地采用指定的深度值,然后在一个刀路中切削余料。

（2）单个的　如果选择这种策略,可通过"设置"定义一系列不同的切削深度值。在同一行中,指定了多少刀路数就执行多少次上面的一系列切削深度值。最多可以指定 10 个不同的切削深度值。对于余料切削,可以指定附加刀路数,这些附加刀路均采用等深切削。

（3）级别数（层数）　层数策略通过指定粗加工操作的层数,生成等深切削。层的数目可在"层数"编辑字段中输入,对于本切削深度策略,该字段代替了深度编辑字段。

5. 中心孔操作

（1）排屑　允许指定钻孔时除屑或断屑的增量类型。

① 恒定:刀具每向前移动一次的距离与整个钻孔序列的相同。如果深度被输入数目除不尽,则系统会简单地使最后一次钻孔移动更短些。

② 可变:可以指定刀具按指定深度切削所需的次数。如果增量之和小于总深度,系统将重复执行最后一个具有非零增量值的刀具移动操作,直至达到总深度。如果增量和超出总深度,系统将忽略过剩增量。

（2）深度选项

① 距离:允许定义钻孔深度并指定刀具的穿出量。系统计算钻孔深度（先前指定的起点与所定义的点之间的距离）,然后将结果显示在主对话框中,如图 4 - 42 所示。

● 输入深度值:输入钻孔深度值（沿钻孔轴,该轴与通过起点的中心线平行）。此深度值必须为正。

● 穿出距离:指定刀具超出指定总深度的过肩距离,如图 4 - 43 所示为穿出距离示意图,其中,A 为起点,B 为切削深度,C 为穿出距离点,D 为多出的距离。

② 端点:允许使用点构造器来定义钻孔深度。系统计算钻孔深度（先前指定的起点与所定义的点之间的距离）,然后将结果显示在主对话框中。

提示:如果所定义的点不在钻孔轴上,系统会将该点垂直投影到钻孔轴上,然后计算深度,如图 4 - 44 所示,其中,A 为该点被垂直投影到钻孔轴上,B 为钻孔深度,C 为起点。

6. 螺纹加工操作

（1）螺纹形状特征　螺纹操作允许直螺纹或锥螺纹切削,可能是单个或多个内部、外部或面螺纹。螺纹特征示意图如图 4 - 45 所示。

（2）螺纹几何体　允许通过选择顶线来定义螺纹起点和终点。螺纹长度由顶线的长度指定。可通过指定起点和终点偏置来修改此长度。要创建倒斜角螺纹,应手工计算偏置并设置合适的偏置,如图 4 - 45 所示。

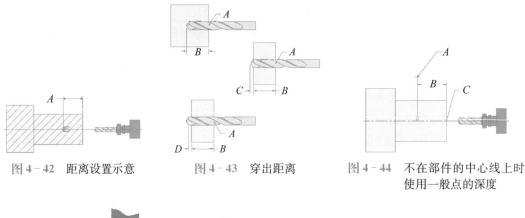

图4-42 距离设置示意　　　图4-43 穿出距离　　　图4-44 不在部件的中心线上时使用一般点的深度

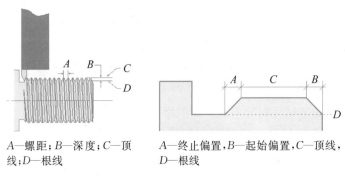

A—螺距；B—深度；C—顶　　　A—终止偏置，B—起始偏置，C—顶线，
线；D—根线　　　　　　　　D—根线

图4-45 螺纹几何体示意图

① Select Crest Line(顶线)选项：可选择顶线。距离选择线的位置最近的一端为起点。

② Select End Line(终止线)选项：终止线允许调整螺纹的长度。终止线选项允许通过选择与顶线相交的线来定义螺纹的终点。终止偏置值将添加到该交点。

7.3 型腔铣削CAM工艺设计初步

1. 型腔铣削的用途

型腔铣削用于加工带有曲面和拔模斜度的型芯和型腔。用切削层(Cut level)和区间(Range)定义切削深度，每个切削层均为水平的，并与刀轴垂直。当用于粗加工时，各切削层平面与零件几何体和毛坯几何体所产生的交线，决定了各切削层的加工范围；当用于精加工时(轮廓铣)，各切削层平面与零件几何体所产生的交线，决定了各切削层的加工范围。但大多情况下，型腔铣削用于粗加工。在每个切削层中刀具的移动，型腔铣和平面铣是一样的。型腔铣削加工后，零件轮廓残余了等高的波峰，形成了台阶状，需要进一步半精加工。

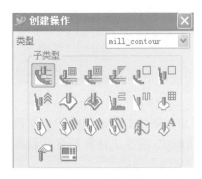

图4-46 型腔铣削操作类型对话框

2. 型腔铣削的操作类型

型腔铣削的操作类型如图4-46所示。

3. 切削模式

(1) 跟随部件　保证沿零件所有几何加工，且最靠近部件几何刀路最后加工，再不需要岛清根、壁清理；步距没

有向内、向外选项设置,对于型腔总是向内,对于岛屿总是向外;建议有岛屿的型腔优先使用。走刀轨迹如图4-47所示。

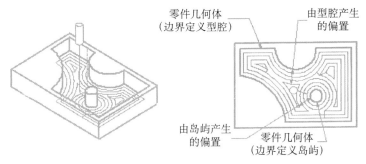

图4-47 跟随部件切削

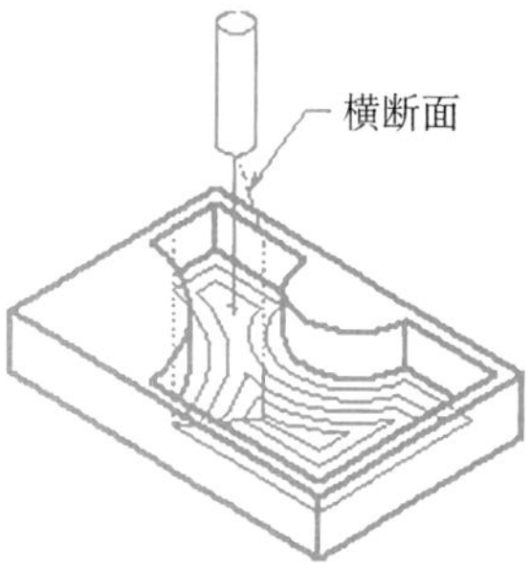

图4-48 跟随周边切削

(2)跟随周边 用于创建一条沿着轮廓顺序的、同心的刀位轨迹。需要指定步距向内、向外选项;沿轮廓产生封闭刀路,重叠时就合并,不一定沿岛屿完全偏置,其后常需清理岛屿加工。建议无岛屿的型腔优先使用,辅助刀路短。走刀轨迹如图4-48所示。

(3)轮廓铣 对壁面形成1条不相交的精加工刀路,用"附加刀路"可增加刀路数,分层加工。走刀轨迹如图4-49所示。

(4)摆线 回环与跟随部件方式的自动组合。优选向外切削方向。负荷均匀,过渡圆滑,适合高速加工,但路径长。走刀轨迹如图4-50所示。

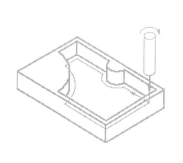

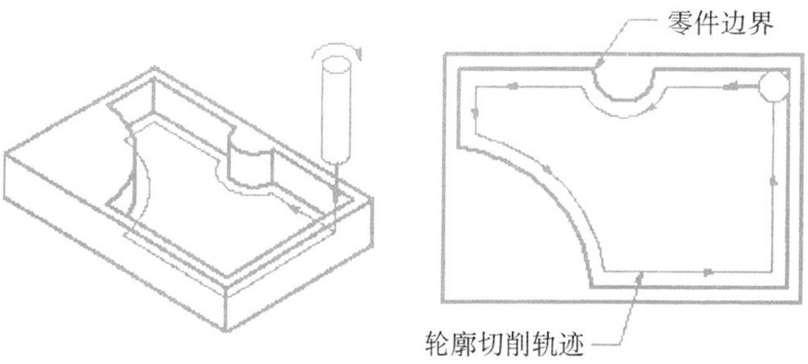

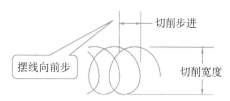

图4-49 轮廓铣

图4-50 摆线切削

(5)单向 创建一系列平行的单向的刀位轨迹,如图4-51所示。区域内下刀单方向切削,抬刀横移时变换到另一行。下、抬刀次数多。这种切削方式基本能够维持单纯顺铣或逆铣。

(6)往复 创建往复的平行的切削刀轨,如图4-52所示。通常的行切,区域内仅下、抬刀1次,路径短。由于是往复式的切削,切削方向交替变化,顺铣和逆铣也交替变换。

(7)单向轮廓 用于创建平行的、单向的沿着轮廓的刀位轨迹,回程是快速横越运动,如图4-53所示。下、抬刀次数多。这种切削方式能够始终维持着顺铣或

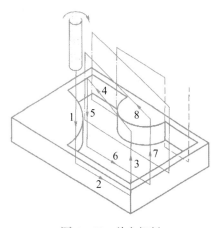

图4-51 单向切削

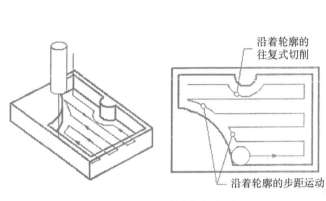

图 4-52 往复式切削方法

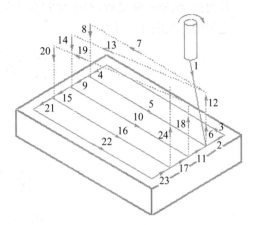

图 4-53 沿轮廓的单向切削

者逆铣切削。

4．步距

用于指定切削路径之间的距离，如图 4-54 所示，距离可以由如下的值定义：恒定的、残余高度、％刀具平直、多个的。

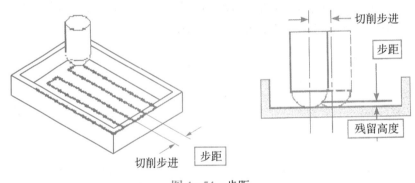

图 4-54 步距

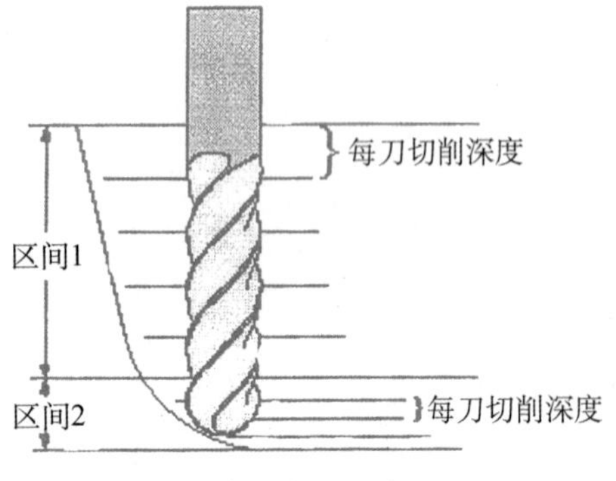

5．区间

区间是描述型腔铣中被切除材料的总量或深度。最多能够定义 10 个区间。在每个区间里又可以定义每刀切削深度。图 4-55 所示为区间定义的示意图。

（1）每刀切削深度 在一个区间的每个切削层中刀具切削的最大深度。

（2）切削层 描述在一个区间中被切除的材料的总量或深度。它们定义了垂直刀具轴的切削平面。切削层组合成区间。每个区间的切削层都有固定的切削深度。但是，不同区间的每刀的切削深度

图 4-55 区间

可能不同,如图4-55所示的区间1和区间2的每刀切削深度为不同的值,当型腔壁相对陡峭些时每刀切削深度可以设置相对大一些,否则要小一些。

7.4　多轴加工CAM工艺设计初步

1. 驱动方法

(1) 曲线/点驱动　选择曲线/点定义驱动几何体。

① 点驱动几何体:点间线段为驱动轨迹,点是顺序的但可不连续,不连续的点可以重复使用,如起点也可定义为终点形成封闭区域。一个点不会产生轨迹。如图4-56所示为点驱动方法。

② 曲线驱动:可以是开放的/封闭的、连续的/非连续的、平面的/空间的,但必须是顺序选择的。选定驱动几何体就显示默认切削矢量,决定切削方向,距离选择点近的端点为起点。沿曲线产生驱动点。如图4-57所示为曲线驱动方法。

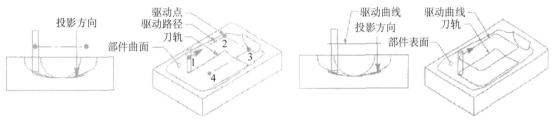

图4-56　点驱动方法　　　　　　　　　　图4-57　曲线驱动方法

(2) 螺旋式驱动　定义从指定的中心点向外螺旋的驱动点。驱动点在垂直于投影矢量并包含中心点的平面上创建,沿着投影矢量投影到所选择的部件表面上,如图4-58所示。

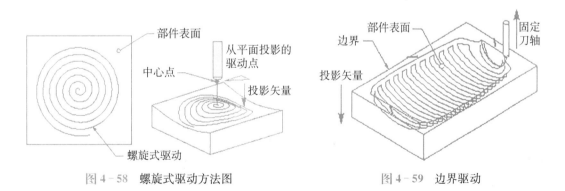

图4-58　螺旋式驱动方法图　　　　　　　图4-59　边界驱动

(3) 边界驱动　允许通过指定边界和空间范围环定义切削区域。边界与部件表面的形状和大小无关,而环必须与外部部件表面边对应。切削区域由边界、环或二者的组合定义。将已定义的切削区域的驱动点按照指定的投影矢量的方向投影到部件表面,这样就可以创建刀轨。边界驱动方法在加工部件表面时很有用,它需要最少的刀轴和投影矢量控制,如图4-59所示。

(4) 曲面驱动(表面积驱动)　允许创建一个位于驱动曲面栅格内的驱动点阵列。加工需要可变刀轴的复杂曲面时,这种驱动方法是很有用的。它提供对刀轴和投影矢量的附加控制。

如图 4-60 所示,投影矢量和刀轴都是可变的,并且都定义为与驱动曲面垂直。

（5）流线驱动　根据选中的几何体来构建隐式驱动曲面。可以灵活地创建刀轨,规则面栅格无需整齐排列,如图 4-61 所示。

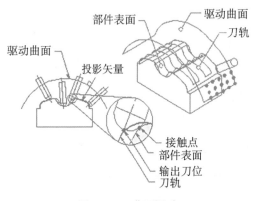

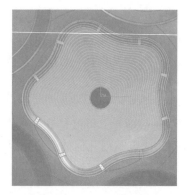

图 4-60　曲面驱动　　　　　　　　　　图 4-61　流线驱动

（6）刀轨驱动　用于变轴。驱动点沿着选定的刀位源文件 CLSF 生成,投影到所选部件表面上创建刀路。因为刀位源文件 CLSF 是否合理难断,不常用。

（7）径向切削驱动　径向切削驱动方法允许使用指定的步距、带宽和切削类型,生成沿着给定边界和垂直于给定边界的驱动轨迹。此驱动方法可用于创建清理工序,如图 4-62 所示。

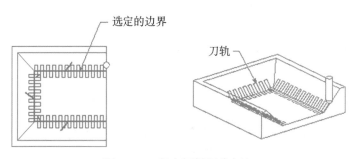

图 4-62　径向切削驱动方法

（8）外形轮廓铣驱动　可使用刀侧面来加工倾斜壁。使用可变轴轮廓铣可以自动生成刀轨,使用刀侧面加工型腔的壁或由底面和壁限定的区域。选择底面后,系统可以查找所有限定底面的壁。系统会经常调整刀轴以获得光顺刀轨。在凹角处,刀具侧面与两个相邻壁相切。在凸角处,软件添加一个半径并绕着它滚动刀具,以使刀轴与各个拐角壁保持相切。

2. 投影矢量

（1）指定矢量　通过键入一个可定义相对于工作坐标系原点的矢量的值来定义固定投影矢量,如图 4-63 所示。系统将在坐标系原点处显示该矢量,$-ZC$ 方向是默认的投影矢量。

（2）刀轴　允许根据现有的刀轴定义一个投影矢量。使用"刀轴"时,投影矢量总是指向刀轴矢量的相反方向,如图 4-64 所示。

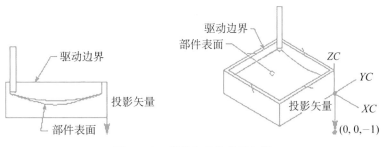

图 4-63　指定矢量的投影矢量

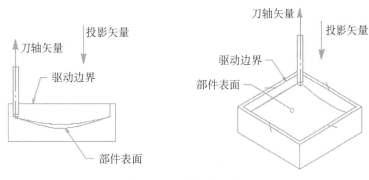

图 4-64　刀轴的投影矢量

（3）远离点　允许创建从指定的焦点向部件表面延伸的投影矢量。此选项可用于加工焦点在球面中心处的内侧球形（或类似球形）曲面，如图 4-65 所示。驱动点沿着偏离焦点的直线从驱动曲面投影到部件表面。焦点与部件表面之间的最小距离必须大于刀具半径。

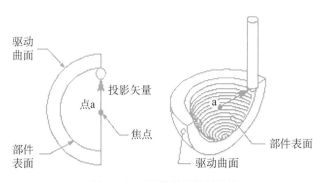

图 4-65　远离点的投影矢量

（4）朝向点　允许创建从部件表面延伸至指定焦点的投影矢量。此选项可用于加工焦点在球中心处的外侧球形（或类似球形）曲面。如图 4-66 所示，球面同时用作驱动曲面和部件表面。因此，驱动点以零距离从驱动曲面投影到部件表面。投影矢量的方向确定部件表面的刀具侧，使刀具从外侧向焦点定位。

（5）远离直线　创建从指定的直线延伸至部件表面的投影矢量。投影矢量作为从中心线延伸至部件表面的垂直矢量。此选项有助于加工内部圆柱面，其中指定的直线作为圆柱中心

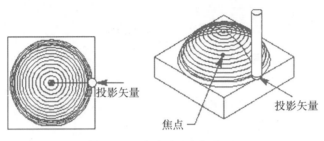

图 4 - 66　朝向点的投影矢量

线。刀具位置将从中心线移到部件表面的内侧,如图 4 - 67 所示。驱动点沿着偏离所选聚焦线的直线从驱动曲面投影到部件表面。聚焦线与部件表面之间的最小距离必须大于刀具半径。

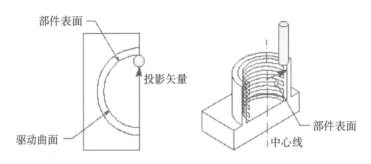

图 4 - 67　远离直线投影矢量

(6) 朝向直线　允许创建从部件表面延伸至指定直线的投影矢量。此选项有助于加工外部圆柱面,其中指定的直线作为圆柱中心线,如图 4 - 68 所示。刀具位置将从部件表面的外侧移到中心线。驱动点沿着向所选聚焦线收敛的直线从驱动曲面投影到部件表面。

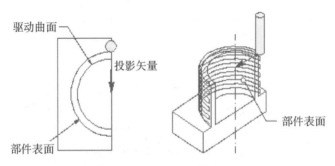

图 4 - 68　朝向线的投影矢量

3. 刀轴

(1) 远离点　定义偏离焦点的可变刀轴。用户可使用点子功能来指定点。刀轴矢量离开焦点指向刀柄,如图 4 - 69 所示。

(2) 朝向点　定义向焦点收敛的可变刀轴。可使用点子功能来指定点。刀轴矢量离开刀柄指向焦点,如图 4 - 70 所示。

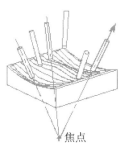

图 4 - 69　远离点刀轴

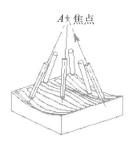

图 4 - 70　朝向点刀轴

（3）远离直线　定义从聚焦线（直线）发散指向刀柄的可变刀轴。刀轴可沿聚焦线移动，但须与聚焦线保持垂直，如图 4 - 71 所示。

（4）朝向直线　定义离开刀柄向聚焦线（直线）收敛的可变刀轴。刀轴可沿聚焦线移动，但须与聚焦线保持垂直，如图 4 - 72 所示。

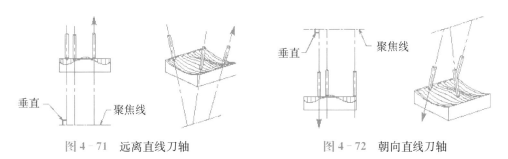

图 4 - 71　远离直线刀轴　　　　　　　图 4 - 72　朝向直线刀轴

（5）相对于矢量　定义相对于带有指定的前倾角和侧倾角的矢量的可变刀轴，如图 4 - 73 所示。

（6）垂直于部件　定义用部件表面的法矢量作为刀轴矢量，即空间法矢刀轴。无刀轴专门设定对话框，如图 4 - 74 所示。

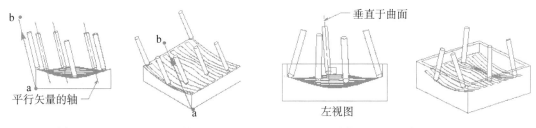

图 4 - 73　相对于矢量刀轴　　　　　　图 4 - 74　垂直于部件刀轴

（7）相对于部件　定义一个相对于部件表面垂直轴（垂线、曲面法线、曲面法矢量）倾斜一个前倾角、一个侧倾角的刀轴矢量，如图 4 - 75 所示。

前倾角定义了刀具沿刀轨前倾或后倾的角度。正的前倾角的角度值表示刀具相对于刀轨方向向前倾斜。负的前倾角（后倾角）值表示刀具相对于刀轨的方向向后倾斜。

（8）4 轴，垂直于部件　定义使用 4 轴旋转角度的刀轴。4 轴方向使刀具绕着所定义的旋转轴旋转，同时始终保持刀具和旋转轴垂直，如图 4 - 76 所示。

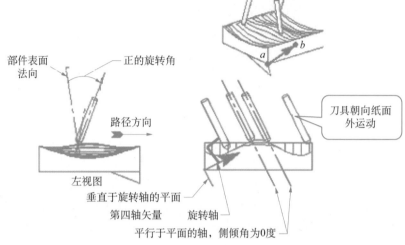

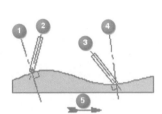

1—垂直刀轴;2—正的前倾角;
3—负的前倾角(后倾角);4—垂
直刀轴;5—刀具方向

图4-75 相对于部件刀轴

图4-76 4轴,垂直于部件刀轴

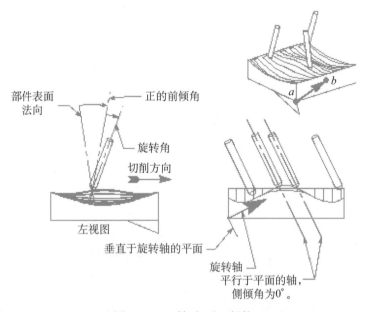

图4-77 4轴,相对于部件

　　旋转角度使刀轴相对于部件表面的另一法向轴向前或向后倾斜。与前倾角不同,4轴旋转角始终向法向轴的同一侧倾斜。它与刀具运动方向无关。

　　(9)4轴,相对于部件　参数设置与"4轴,垂直于部件"基本相同。此外,还可以定义一个前倾角和一个侧倾角,如图4-77所示。

　　(10)双4轴在部件上　刀轴与"4轴,相对于部件"的工作方式基本相同。"4轴旋转角"

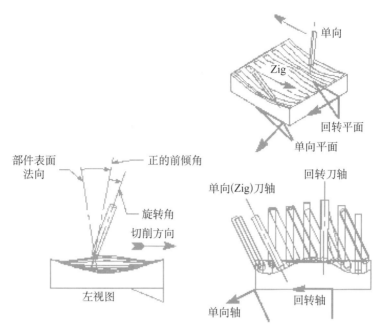

图 4-78 双 4 轴在部件上刀轴

将绕一个轴旋转部件,这如同部件在带有单个旋转台的机床上旋转。但在双 4 轴中,可以分别为单向运动和回转运动定义这些参数。"双 4 轴在部件上"仅在使用往复切削类型时可用。

旋转轴定义了单向和回转平面,刀具将在这两个平面间运动,如图 4-78 所示。

(11) 插补　通过定义矢量控制特定点处的刀轴,控制刀轴的过大变化(通常由非常复杂的驱动或部件几何体引起),而无需构造额外的刀轴控制几何体(如点、线、矢量和光顺驱动曲面等)。插补还可用于调整刀轴,以避免遇到悬垂情况或其他障碍。

任务小结

(1) NX/CAM 术语。
(2) NX/CAM 的基本加工模块。
(3) NX/CAM 加工环境。
(4) 车削 CAM 工艺设计。
(5) 型腔铣削 CAM 工艺设计。
(6) 多轴加工 CAM 工艺设计。

任务思考

(1) NX/CAM 有几个基本功能模块?
(2) 试述 NX/CAM 的基本操作过程。

附录①

车削 CAM 加工实例

如附图 1-1 所示,在圆柱体的基础上加工该零件。

STEP 1　**打开部件文件**

启动 NX,打开文件名为 tuming. prt 的部件文件,另存为"＊＊＊_tuming. prt"。

STEP 2　**进入加工模块及加工环境初始化**

选择图标 [开始▼]"开始"→"加工"命令,进入初始化加工环境,系统弹出"加工环境"对话框,按附图 1-2 所示设置。单击【初始化】按钮,完成车削加工初始化工作。

附图 1-1　车削加工零件模型

附图 1-2　"加工环境"对话框

STEP 3　**创建刀具**

(1) 创建中心孔加工刀具　在操作导航器的"机床视图"中,选择"GENERIC_MACHINE"结点并右击,在弹出的快捷菜单中选择"插入"→"刀具"命令,或者点击"创建刀具"图标 [图标],弹出"创建刀具"对话框,如附图 1-3 所示。单击"刀具子类型"面板中的"DRILLING_TOOL"按钮 ,单击【应用】按钮,弹出"钻刀"对话框,各项参数设置如附图 1-4 所示。

附图 1-3　"创建刀具"对话框　　　　　附图 1-4　"钻刀"对话框

　　(2)创建粗车加工刀具　单击"刀具子类型"面板中的"OD_80_L"按钮 ,单击【应用】按钮,弹出"车刀标准"对话框,各项参数设置如附图 1-5 所示。

　　(3)创建精车加工刀具　单击"刀具子类型"面板中的"OD_55_L"按钮 ,单击【应用】按钮,弹出"车刀标准"对话框,各项参数设置如附图 1-6 所示。

　　(4)创建割槽加工刀具　单击"刀具子类型"面板中的"OD_GROOVE_L"按钮 ,单击【应用】按钮,弹出"槽刀标准"对话框,各项参数设置如附图 1-7 所示。

　　(5)创建螺纹加工刀具　单击"刀具子类型"面板中的"OD_THREAD_L"按钮 ,单击【确定】按钮,弹出"螺纹加工刀具设置"对话框,各项参数如附图 1-8 所示。

STEP 4　创建加工坐标系

在操作导航器的"几何体视图"中,选择"MCS_SPINDLE"结点并双击,如附图 1-9 所示。系统弹出"Turn Orient"对话框,选择系统默认的加工坐标系,并选择 ZM-XM 平面为车削工作平面,如附图 1-10 所示。

STEP 5　定义车削加工横截面

选择菜单"工具"→"车加工横截面"命令,弹出"车加工横截面"对话框,如附图 1-11 所示。单击"简单剖"按钮,再单击"体"按钮,然后在绘图区中选择整个零件,再单击"剖切平面"按钮,选择默认的截面设置选项"MCS_SPINDLE",单击【确定】按钮,可以定义车削加工横截面,如附图 1-12 所示。

附图1-5 "粗车刀具设置"对话框

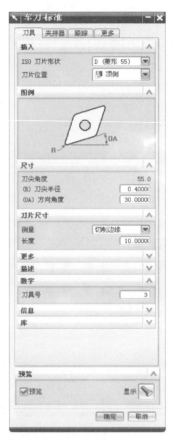

附图1-6 "精车刀具设置"对话框

附图1-7 "槽刀标准"对话框

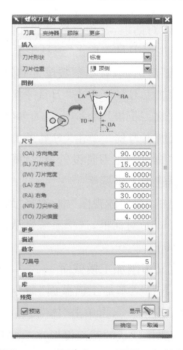

附图1-8 "螺纹加工刀具设置"对话框

附图 1-9 几何体视图

附图 1-10 "Turn Orient"对话框

附图 1-11 "车加工横截面"对话框

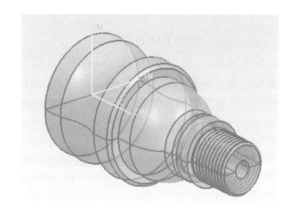

附图 1-12 定义的车削加工横截面

STEP 6 **创建部件边界**

在几何体视图中,双击"TURNING_WORKPIECE"结点,弹出"Turn Bnd"对话框,如附图 1-13 所示。单击"指定部件边界"按钮 ,弹出"部件边界"对话框,如附图 1-14 所示。单击【成链】按钮,弹出"成链"对话框,如附图 1-15 所示。在绘图区的车削加工横截面上,先选择外侧最左边的线段,再选择内侧最左边的线段,可以生成部件边界,如附图 1-16 所示。边界曲线上的短线位于内侧,表明是有材料的一侧。单击"Turn Bnd"对话框中的【显示】按钮,可以查看部件边界。

附图 1-13 "Turn Bnd"对话框

附图 1-14 "部件边界"对话框

附图 1-15 "成链"对话框

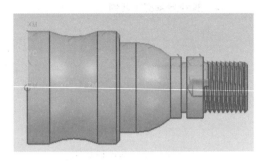

附图 1-16 生成部件边界

STEP 7 **创建毛坯边界**

单击"指定毛坯边界"按钮 ，弹出"选择毛坯"对话框，如附图 1-17 所示。单击"棒料"按钮 ，再单击【重新选择】按钮，弹出"点"对话框，如附图 1-18 所示。指定坐标原点为安装位置，在"长度"和"直径"文本框中，分别输入值 204 和 104，单击【确定】按钮，完成如附图 1-19 所示的毛坯边界的定义。单击"Turn Bnd"对话框中的【显示】按钮，可以查看毛坯边界。

附图 1-17 "选择毛坯"对话框

附图 1-18 "点"对话框

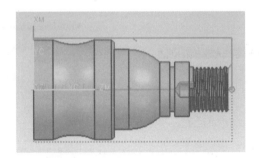

附图 1-19 定义毛坯边界

STEP 8 **创建粗车加工操作**

在"加工创建"工具栏中，单击"创建操作"按钮 ，弹出"创建操作"对话框，单击

"ROUGH_TURN_OD"按钮 ，该对话框中的各项参数设置如附图 1 - 20 所示。单击【确定】按钮，弹出"粗车 OD"对话框，参数设置如附图 1 - 21。

附图 1 - 20　"创建操作"对话框

附图 1 - 21　"粗车 OD"对话框

STEP.9　设置粗加工切削参数

（1）选择切削方式。单击"粗车 OD"对话框中的"单向线性切削"按钮 ，确定粗车操作的切削方式。

（2）单击"刀轨设置"标签，弹出"刀轨设置"选项卡，参数设置如附图 1 - 22 所示，选中"省略变换区"复选框，单击【清理】按钮，弹出下拉列表框，切换为"无"模式。

（3）单击"切削参数"图标 ，弹出"切削参数"对话框，单击"余量"选项卡，弹出"余量"选项卡对话框，设置各项参数如附图 1 - 23 所示。

附图 1 - 22　"刀轨设置"选项卡

附图 1 - 23　"余量"选项卡对话框

（4）单击"非切削移动"图标 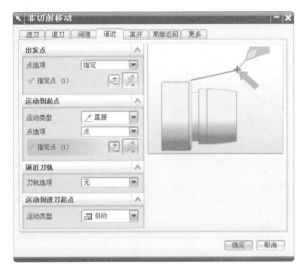，弹出"非切削移动"对话框。单击"逼近"标签，弹出"逼近"选项卡对话框，如附图 1-24 所示，单击出发点指定点图标 ，按照如附图 1-25 所示设置出发点位置，完成后，单击【确定】按钮，退出"点"对话框。

附图 1-24　"逼近"选项卡对话框

（5）在"逼近"选项卡对话框中，单击运动到起点指定点图标 ，按照如附图 1-26 所示设置运动到起点位置，完成后，单击【确定】按钮，退出"点"对话框。

附图 1-25　出发点设置对话框

附图 1-26　运动到起点设置对话框

（6）在"非切削移动"对话框中单击"离开"标签，弹出附图 1-27"离开"选项卡对话框，单击运动到返回点/安全平面指定点图标 ，按照如附图 1-25"进给和速度"对话框所示设置出发点位置，完成后，单击【确定】按钮，退出"点"对话框。在"离开"选项卡对话框中，单击运动到回零点指定点图标 ⊡，按照如附图 1-26 所示设置运动到起点位置，完成后，单击【确定】按钮，退出"点"对话框。

附图 1-27　"离开"选项卡对话框　　　　　附图 1-28　"进给和速度"对话框

（7）单击进给和速度图标 📊，弹出"进给和速度"对话框，单击主轴速度中的"输出模式"，弹出下拉列表框，切换模式为 RPM(r/min)，选中"主轴速度"选项，输入转速为 500，单击进给率中的切削，弹出下拉列表框，切换为 mmpm(mm/min)，输入进给量为 300，如附图 1-28 所示，完成后，单击【确定】按钮，退出"进给和速度"对话框。

STEP 10　生成粗加工刀轨

在"粗车 OD"对话框中，单击"生成刀轨"按钮 📐，查看生成的粗车加工的刀具轨迹，如附图 1-29 所示。仿真后的效果图如附图 1-30 所示。

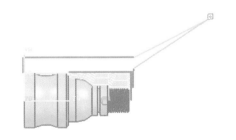

附图 1-29　粗加工刀具轨迹　　　　　附图 1-30　粗加工仿真后的效果图

STEP 11　创建精加工操作

在"加工创建"工具栏中，单击"创建操作"按钮 📐，弹出"创建操作"对话框，单击"FINISH_TURN_OD"按钮 📐，该对话框中的各项参数设置如附图 1-31 所示。单击【确定】按钮，弹出"精车 OD"对话框，参数设置如附图 1-32 所示。

STEP 12　设置精加工切削参数

（1）单击"刀轨设置"标签，弹出"刀轨设置"选项卡，参数设置如附图 1-33 所示。"非切

削移动"选项可参照粗加工的设置。

（2）单击进给和速度图标 ，弹出"进给和速度"对话框，如附图 1 - 34 所示。单击主轴速度中的"输出模式"，弹出下拉列表框，切换模式为 RPM(r/min)，选中"主轴速度"选项，输入转速为 800；单击进给率中的切削，弹出下拉列表框，切换为 mmpm(mm/min)，输入进给量为 150。完成后，单击【确定】按钮，退出"进给和速度"对话框。

附图 1 - 31　"创建操作"对话框

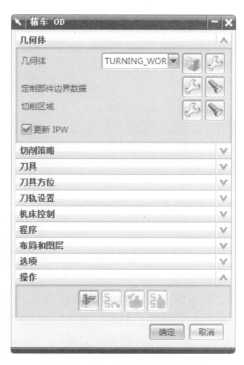

附图 1 - 32　"精车 OD"对话框

附图 1 - 33　"刀轨设置"选项卡

附图 1 - 34　"进给和速度"对话框

STEP 13 **生成精加工刀轨**

在"精车 OD"对话框中,单击"生成刀轨"按钮 ,查看生成的粗车加工的刀具轨迹,如附图 1-35 所示。

STEP 14 **创建割槽加工操作**

在"加工创建"工具栏中,单击"创建操作"按钮 ,弹出"创建操作"对话框,单击"GROOVE_OD"按钮 ,该对话框中的各项参数设置如附图 1-36 所示。单击【确定】按钮,弹出"槽 OD"对话框,参数设置如附图 1-37 所示。

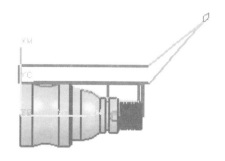

附图 1-35 精车加工刀具轨迹

附图 1-36 "创建操作"对话框

附图 1-37 "槽 OD"对话框

STEP 15 **设置切削参数及生成刀轨**

(1)设置切削区域。单击"切削区域"栏中的 图标,弹出切削区域对话框,如附图 1-38 所示。

(2)单击轴向修剪平面 1 图标 ,弹出"点"对话框,选择沟槽右边边缘点。单击轴向修剪平面 2 图标 ,弹出"点"对话框,选择沟槽左边边缘点。单击显示图标 ,切削区域效果如附图 1-39 所示。完成后,单击【确定】按钮,推出切削区域对话框。

(3)单击"刀轨设置"按钮,弹出"刀轨设置"选项卡,如附图 1-40 所示。

(4)单击"切削参数"图标 ,弹出"切削参数"对话框。单击"策略"→"切削"→"粗切削后驻留",列表框中选中"时间",并在"秒"后框中输入 300,如附图 1-41 所示。完成后,单击【确定】,退出"切削参数"对话框。

说明:暂停单位是 0.001,暂停 0.3 秒应输入 300。

附图 1-38 "切削区域"对话框

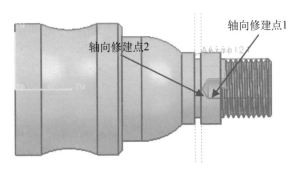

附图 1-39 轴向修剪

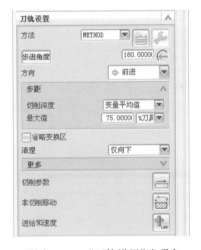

附图 1-40 "刀轨设置"选项卡

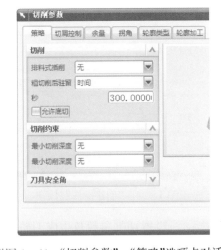

附图 1-41 "切削参数"→"策略"选项卡对话框

(5) 单击进给和速度图标 ，弹出"进给和速度"对话框，单击主轴速度中的"输出模式"，弹出下拉列表框，切换模式为 RPM(r/min)，选中"主轴速度"选项，输入转速为 300；单击进给率中的切削，弹出下拉列表框，切换为 mmpm(mm/min)，输入进给量为 100。完成后，单击【确定】按钮，退出"进给和速度"对话框。

(6) 在"槽 OD"对话框中，单击"生成刀轨"按钮 ，查看生成的槽加工的刀具轨迹，如附图 1-42 所示。

STEP 16 创建中心孔加工操作

在"加工创建"工具栏中，单击"创建操作"按钮 ，弹出"创建操作"对话框，如附图 1-43

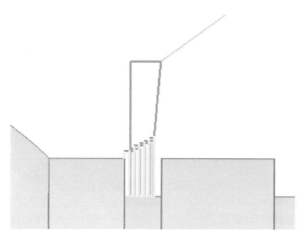

附图 1-42 槽加工的刀具轨迹

所示,单击"CENTERLINE_DRILLING"按钮 🔧,在"刀具"下拉列表中选择"DRILLING_
TOOL"选项,单击【确定】按钮,弹出"中心线钻孔"对话框。

STEP 17 设置切削参数及生成刀轨

(1)设置循环类型。在"循环类型"标签中,"循环"下拉列表中选择"钻,断屑"选项,设置
"排屑""固定增量"为5,"离开距离"为3,各项参数设置如附图1-44所示。

附图 1-43 "创建操作"对话框

附图 1-44 "中心线钻孔"对话框

(2)设置加工深度。在"起点和深度"标签中,"深度选项"下拉列表中选择"刀肩深度"选

项,设置"距离"为54,各项参数设置如附图1-45所示。

（3）生成刀轨。单击"生成刀轨"按钮,可以查看生成的中心孔加工的刀具轨迹,如附图1-46所示。

附图1-45 "起点和深度"对话框

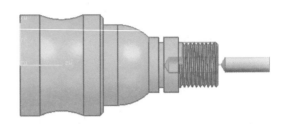

附图1-46 中心孔加工的刀具轨迹

STEP 18 创建螺纹加工

在"加工创建"工具栏中,单击"创建操作"按钮 ,弹出"创建操作"对话框,如附图1-47所示。单击"THREAD_OD"按钮 ,在"刀具"下拉列表中选择"OD_THREAD_L"选项,单击【确定】按钮,弹出"螺纹OD"对话框,参数设置如附图1-48所示。

附图1-47 "创建操作"对话框

附图1-48 "螺纹OD"对话框

STEP 19 设置参数及生成螺纹加工刀轨

（1）定义螺纹几何体。在"螺纹OD"对话框中单击"螺纹形状"标签,单击"Select Crest Line",单选选择螺纹顶线;单击"Select End Line",选择与顶线螺纹的结束点相交的直线(该条直线和顶线的交点即为螺纹几何体的终点);"深度选项"下拉列表框选择"根线"选项,单击

"选择根线",选择螺纹的根线;单击"偏置"标签,在"起始偏置"栏中设置为 4,具体选择设置如附图 1-49 所示。

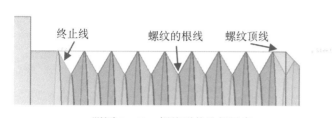

附图 1-49 螺纹形状选择示意

附图 1-50 "刀轨设置"标签对话框

(2)在"螺纹 OD"对话框中单击"刀轨设置"标签,如附图 1-50 所示。

(a)"策略"选项卡   (b)"螺距"选项卡

附图 1-51 "切削参数"对话框

(3)单击"切削参数"图标 ,弹出"切削参数"对话框。单击"策略"选项卡,设置"螺纹头数"为 1,深度为 0.5,如附图 1-51(a)所示;单击"螺距"选项卡,设置螺距"恒定","距离"为 4,如附图 1-51(b)所示。

(4)单击进给和速度图标 ,弹出"进给和速度"对话框,单击主轴速度中的"输出模式",弹出下拉列表框,切换模式为 RPM(r/min),选中"主轴速度"选项,输入转速为 200;选中"进刀主轴速度"选项,输入转速为 150;单击进给率中的切削,弹出下拉列表框,切换为 mmpr(mm/r),输入进给量为 4。完成后,单击【确定】按钮,退出"进给和速度"对话框。

(5)生成刀轨。在"螺纹 OD"对话框中,单击【生成刀轨】按钮,查看生成的螺纹加工的刀具轨迹,如附图 1-52 所示。

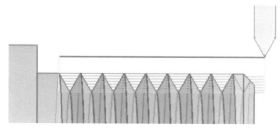

附图 1-52 生成的螺纹加工刀轨

STEP 20 **保存文件**

在"文件"下拉菜单中选择"保存"命令,保存已完成的加工文件。

思 考

如附图 1-53 所示,在圆柱体的基础上加工该零件,零件模型名称为 truning_EX. prt。

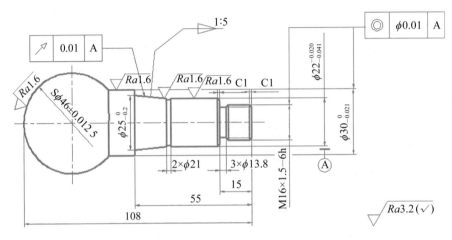

附图 1-53 车削加工零件练习模型

附录②

铣削 CAM 加工实例

型腔铣加工实例如附图 2-1 所示,以下操作是在一个长方体毛坯的基础上加工出工件,使用刀具为 ⌀30 的平底刀进行加工。

STEP 1 **打开部件文件**

启动 NX,打开文件名为 CAVITY_MILL. prt 的部件文件,另存为"＊＊＊_CAVITY_MILL. prt"。

STEP 2 **进入加工模块及加工环境初始化**

单击工具栏上的"开始"按钮,在下拉选项中选择"加工"选项,在"加工环境"对话框中选择 CAM 设置为 mill_contour,如附图 2-2 所示,确定加工环境的初始化设置。

STEP 3 **创建刀具**

单击创建工具条上的"创建刀具"图标 ,打开"创建刀具"对话框,如附图 2-3 所示,选择"刀具子类型"的 ,单击【确定】按钮进入"铣刀-5 参数"对话框。

附图 2-1 型腔铣加工零件

附图 2-2 "加工环境"对话框

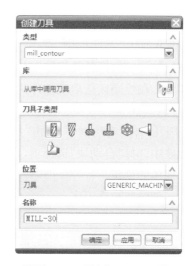

附图 2-3 "创建刀具"对话框

新建"铣刀-5参数"的刀具,设定直径为30,如附图2-4所示,其余选项依照默认值设定,单击【确定】按钮完成刀具创建。

STEP 4　设定加工坐标系

在"操作导航器-几何视图"窗口中双击"MCS_MILL"节点,系统弹出如附图2-5所示的"Mill_Orient"对话框。设置的MCS(加工坐标系)与WCS(工件坐标系)一致。

在"Mill_Orient"对话框中,选中"间隙"选项卡中"安全设置选项",选择"平面",点击"指定平面"后的图标,弹出如附图2-6所示的"平面构造器"对话框。设定"偏置"值为"10",选择工件的上平面,点击【确定】按钮,继续选择【确定】直至退出"Mill_Orient"对话框。

附图2-4　"铣刀-5参数"对话框　　附图2-5　"Mill Orient"对话框　　附图2-6　"平面构造器"对话框

STEP 5　设置部件几何体

(1) 在"操作导航器-几何视图"窗口中双击"WORKPIECE"节点,系统弹出如附图2-7所示"铣削几何体"对话框。

(2) 在"铣削几何体"对话框中,点击"指定部件"图标 ,系统弹出如附图2-8所示的"部件几何体"对话框。在"部件几何体"对话框中,在"选择选项"中选择"几何体"选择项,在过滤方式中选择"体",在绘图区拾取实体作为部件几何体,如附图2-9所示,点击【确定】,返回"铣削几何体"对话框。

(3) 在"铣削几何体"对话框中,点击"指定毛坯"图标 ,在弹出如附图2-10所示的"毛坯几何体"对话框中选择"自动块"选择项,点击【确定】按钮,返回"铣削几何体"对话框,再点击【确定】,完成几何体的创建。

STEP 6　创建型腔铣工序

单击创建工具条上的"创建操作"图标 ,系统将会打开"创建操作"对话框,如附图2-11所示。选择"操作子类型"为 ,在"刀具"的下拉框中确认当前选择的刀具为MILL-30。在"几何体"的下拉框中,确认当前选择的为WORKPIECE。在"方法"的下拉框中,确认当前选择的为MILL_FINISH。确认各选项后单击【确定】按钮,打开"型腔铣"对话框,如附图2-12所示。

附图 2－7　"铣削几何体"对话框

附图 2－8　"部件几何体"对话框

附图 2－9　指定部件几何体

附图 2－10　"毛坯几何体"对话框

附图 2－11　"创建操作"对话框

附图 2－12　"型腔铣"对话框

STEP 7　刀轨设置

在"型腔铣"对话框中展开"刀轨设置"组,并设置参数,"全局每刀深度"设置为3,如附图2-12所示。

单击"进给率和速度"图标 ,则弹出如附图2-13所示的对话框,设置"主轴速度"为600,"进给率"为250。单击【确定】按钮,返回"型腔铣"对话框。

附图2-13　设置进给参数

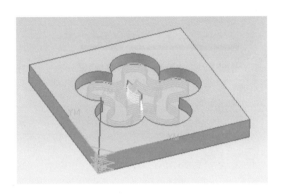

附图2-14　生成的刀轨

STEP 8　生成刀轨

确认其他选项参数设置。在"型腔铣"对话框中单击"生成刀轨"图标 计算生成刀路轨迹。在计算完成后,产生的刀路轨迹如附图2-14所示。

STEP 9　确认刀轨

将视图方向调整为正等侧视图,单击"确认刀轨"图标 ,系统打开"刀轨可视化"对话框。在中间选择"3D动态",再单击下方的"播放"按钮 ,如附图2-15所示。

附图2-15　"刀轨可视化"对话框

附图2-16　"后处理"对话框

STEP 10　**后处理**

单击操作工具条上的"后处理"图标 📝 ,系统打开"后处理"对话框,如附图 2 - 16 所示进行设置,单击【确定】按钮开始后处理。生成的后处理程序,其程序文件如附图 2 - 17 所示。

提示:"MILL_3_AXIS"后处理器生成的单位默认为英制,改为公制会出现警告信息。

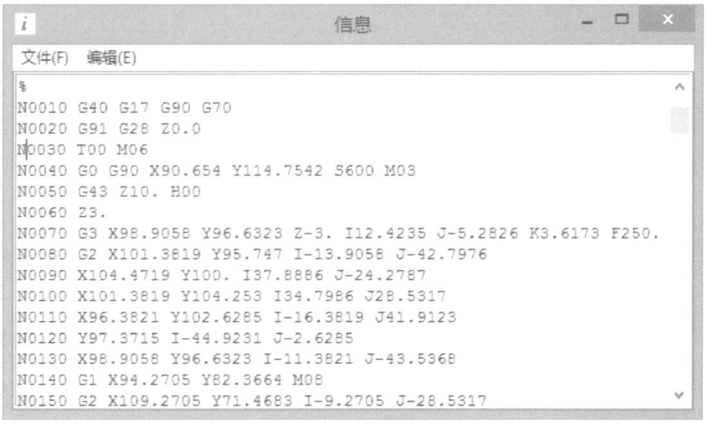

```
信息
文件(F)  编辑(E)
%
N0010 G40 G17 G90 G70
N0020 G91 G28 Z0.0
N0030 T00 M06
N0040 G0 G90 X90.654 Y114.7542 S600 M03
N0050 G43 Z10. H00
N0060 Z3.
N0070 G3 X98.9058 Y96.6323 Z-3. I12.4235 J-5.2826 K3.6173 F250.
N0080 G2 X101.3819 Y95.747 I-13.9058 J-42.7976
N0090 X104.4719 Y100. I37.8886 J-24.2787
N0100 X101.3819 Y104.253 I34.7986 J28.5317
N0110 X96.3821 Y102.6285 I-16.3819 J41.9123
N0120 Y97.3715 I-44.9231 J-2.6285
N0130 X98.9058 Y96.6323 I-11.3821 J-43.5368
N0140 G1 X94.2705 Y82.3664 M08
N0150 G2 X109.2705 Y71.4683 I-9.2705 J-28.5317
```

附图 2 - 17　程序文件

思 考

如附图 2 - 18 所示,在一个长方体毛坯的基础上加工工件。

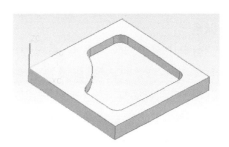

附图 2 - 18　型腔铣模型

附录③

多轴 CAM 加工实例

附图 3-1 圆柱凸轮零件图

多轴加工实例如附图 3-1 所示,以下操作是在一个圆柱体管材毛坯的基础上加工出工件。

STEP 1　打开部件文件

启动 NX,打开文件名为 TuLun. prt 的部件文件,另存为" ＊ ＊ ＊ _TuLun. prt"。

STEP 2　进入加工模块及加工环境初始化

单击工具栏上的"开始"按钮,在下拉选项中选择"加工"选项,在"加工环境"对话框中选择 CAM 设置为"mill_multi-axis",确定加工环境的初始化设置。

STEP 3　创建刀具

创建一把直径 18 的平底刀,其余选项依照默认值设定。

STEP 4　设定加工坐标系

在"操作导航器-几何视图"窗口中双击"MCS"节点,系统弹出"Mill_Orient"对话框。

在"Mill_Orient"对话框中,单击"CSYS 对话框"按钮 ,弹出"CSYS"对话框,在"CSYS"对话框中"类型"设置为"动态",单击"点对话框"按钮 ,弹出"点"对话框。将捕捉"类型"设置为"圆弧中心/椭圆中心/球心",将加工坐标系移动到圆心点。然后,单击【确定】按钮退出对话框,如附图 3-2 所示。

STEP 5　设置铣削几何体

(1) 在"操作导航器-几何视图"窗口中,双击"WORKPIECE"节点,系统弹出如附图 3-3 所示"铣削几何体"对话框。

(2) 在"铣削几何体"对话框中,点击"指定部件"图标 ,系统弹出"部件几何体"对话框。在"部件几何体"对话框中,在"选择选项"中选择"几何体"选择项,在过滤方式中选择"体",在绘图区拾取实体作为部件几何体,如附图 3-4 所示,点击【确定】,返回"铣削几何体"对话框。

(3) 在"铣削几何体"对话框中,点击"指定毛坯"图标 ,在弹出"毛坯几何体"对话框中选择"几何体"选择项,在过滤方式中选择"体",在"部件导航器"中隐藏"体(0)",显示"体(2)",

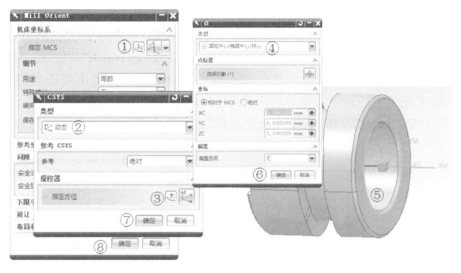

附图 3 - 2　设置加工坐标系

附图 3 - 3　"铣削几何体"对话框

附图 3 - 4　设置部件

在绘图区拾取回转体作为毛坯几何体。点击【确定】按钮,返回"铣削几何体"对话框,再点击【确定】,完成几何体的创建,如附图 3-5 所示。

附图 3 - 5　设置毛坯

STEP 6　　**创建可变轮廓铣工序**

（1）单击创建工具条上的"创建操作"图标 ，在弹出的"创建操作"对话框中，将"类型"设置为"mill_multi-axis"，"操作子类型"选择"VARIABLE_CONTOUR"按钮 ，在"刀具"的下拉框中确认当前选择的刀具为 MILL－18，在"几何体"的下拉框中确认当前选择的为WORKPIECE，在"方法"的下拉框中确认当前选择的为 MILL_FINISH，如附图 3－6 所示。确认各选项后单击【确定】按钮，打开"可变轮廓铣"对话框，如附图 3－7 所示。

附图 3－6　"创建操作"对话框　　　　　　附图 3－7　"可变轮廓铣"对话框

（2）在"可变轮廓铣"对话框中，单击"选择或编辑切削区域几何体"按钮 ，弹出"切削区域"对话框，选择凸轮导向槽底部曲面，然后单击【确定】按钮退出对话框，如附图 3－8 所示。

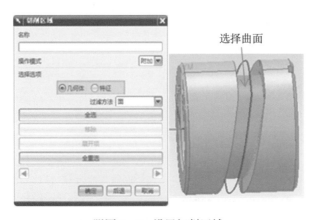

附图 3－8　设置切削区域

STEP 7 **驱动方法设置**

在"可变轮廓铣"对话框的"驱动方法"选项卡中,"方法"设置为"曲线/点"。单击右侧的"编辑参数"图标 ,弹出"曲线/点驱动方法"对话框,选择现有曲线,将"切削步长"设置为"公差",将"公差"设置为0.01。然后单击【确定】按钮退出对话框,如附图3-9所示。

提示:可通过[Ctrl]+[W]快捷方式把曲线显示出来。

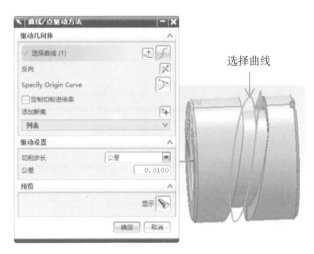

附图3-9 设置驱动方法和驱动曲线

STEP 8 **刀轴设置**

在"可变轮廓铣"对话框的"刀轴"选项卡中,"轴"设置为"远离直线",单击右侧的"编辑参数"图标 ,弹出"直线定义"对话框,单击"现有的直线"按钮,选择直线。单击【确定】按钮退出对话框,如附图3-10所示。

附图3-10 设置刀轴

STEP 9 **刀轨设置**

(1)在"可变轮廓铣"对话框的"刀轨设置"选项卡中,单击"切削参数"按钮 ,弹出"切削参数"对话框,设置参数如附图3-11所示,其他参数按照默认。然后,单击【确定】按钮退出对话框。

(2)在"可变轮廓铣"对话框的"刀轨设置"选项卡中,单击"非切削移动"按钮 ,弹出"非切削移动"对话框,设置参数如附图3-12所示,其他参数按照默认。然后单击【确定】按钮退出对话框。

附图 3-11　设置切削参数

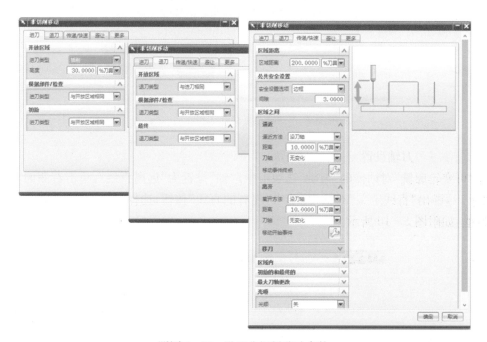

附图 3-12　设置非切削移动参数

（3）在"可变轮廓铣"对话框的"刀轨设置"选项卡中，单击"进给率和速度"按钮 ，弹出"进给和速度"对话框，设置参数如附图 3-13 所示，其他参数按照默认。然后单击【确定】按钮退出对话框。

STEP 10　**生成刀轨**

确认其他选项参数设置。在"可变轮廓铣"对话框中单击"生成刀轨"图标 ，计算生成刀路轨迹。在计算完成后，产生的刀路轨迹如附图 3-14 所示。

STEP 11　**确认刀轨**

单击"确认刀轨"图标 ，系统打开"刀轨可视化"对话框。在中间选择"3D 动态"，再单击下方的"播放"按钮 ，如附图 3-15 所示。

附图 3 - 13 设置进给参数

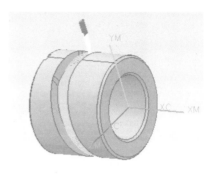

附图 3 - 14 生成的刀轨

附图 3 - 15 "刀轨可视化"对话框

附图 3 - 16 "后处理"对话框

STEP 12 **后处理**

单击操作工具条上的"后处理"图标 ，系统打开"后处理"对话框，如附图 3 - 16 所示进行设置，单击【确定】按钮开始后处理。生成的后处理程序文件，如附图 3 - 17 所示。

提示："MILL_5_AXIS"后处理器生成的单位默认为英制，改为公制会出现警告信息。

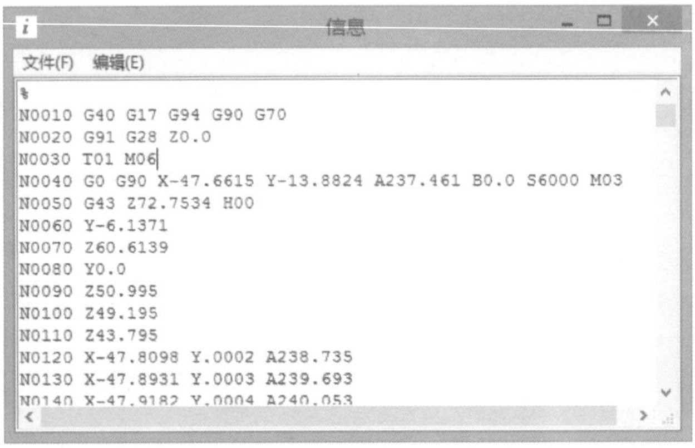

```
                        信息
文件(F)  编辑(E)
%
N0010 G40 G17 G94 G90 G70
N0020 G91 G28 Z0.0
N0030 T01 M06
N0040 G0 G90 X-47.6615 Y-13.8824 A237.461 B0.0 S6000 M03
N0050 G43 Z72.7534 H00
N0060 Y-6.1371
N0070 Z60.6139
N0080 Y0.0
N0090 Z50.995
N0100 Z49.195
N0110 Z43.795
N0120 X-47.8098 Y.0002 A238.735
N0130 X-47.8931 Y.0003 A239.693
N0140 X-47.9182 Y.0004 A240.053
```

附图 3 - 17 程序文件

思 考

如附图 3 - 18 所示，在一个圆柱体毛坯的基础上加工出工件。

附图 3 - 18 梅花滚筒模型

图书在版编目(CIP)数据

机械制造工艺/徐福林主编. 一上海：复旦大学出版社，2019.1
（复旦卓越）
高职高专 21 世纪规划教材
ISBN 978-7-309-14148-1

Ⅰ.①机…　Ⅱ.①徐…　Ⅲ.①机械制造工艺-高等职业教育-教材　Ⅳ.①TH16

中国版本图书馆 CIP 数据核字(2019)第 008443 号

机械制造工艺
徐福林　主编
责任编辑/张志军

复旦大学出版社有限公司出版发行
上海市国权路 579 号　邮编：200433
网址：fupnet@ fudanpress.com　http://www.fudanpress.com
门市零售：86-21-65642857　团体订购：86-21-65118853
外埠邮购：86-21-65109143　出版部电话：86-21-65642845
常熟市华顺印刷有限公司

开本 787 × 1092　1/16　印张 12.5　字数 294 千
2019 年 1 月第 1 版第 1 次印刷

ISBN 978-7-309-14148-1/T · 640
定价：28.00 元